这些道理，

越早
知道越好

潘鸿生◎编著

北京工业大学出版社

图书在版编目（CIP）数据

这些道理，越早知道越好 / 潘鸿生编著. —北京：
北京工业大学出版社，2017.3（2022.3 重印）
ISBN 978-7-5639-5117-8

I. ①这…　II. ①潘…　III. ①人生哲学－通俗读物
IV. ①B821-49

中国版本图书馆 CIP 数据核字 (2016) 第 313889 号

这些道理，越早知道越好

编　　著：潘鸿生
责任编辑：宫晓梅
封面设计：周　飞
出版发行：北京工业大学出版社
　　　　　（北京市朝阳区平乐园 100 号　邮编：100124）
　　　　　010-67391722（传真）　bgdcbs@sina.com
经销单位：全国各地新华书店
承印单位：唐山市铭诚印刷有限公司
开　　本：787 毫米 ×1092 毫米　1/16
印　　张：14
字　　数：200 千字
版　　次：2017 年 3 月第 1 版
印　　次：2022 年 3 月第 3 次印刷
标准书号：ISBN 978-7-5639-5117-8
定　　价：39.80 元

前　　言

　　生活中，很多年轻人由于阅历浅，难免会走一些弯路、碰一些钉子、上一些当，也难免在残酷的竞争中吃亏，又或者因为不懂某些规矩而得罪人、办错事。等到经历过这些之后，他们会十分后悔，甚至禁不住发出叹息："如果当时我知道这些就好了。"

　　为什么那些在出生之时差异不大的人，几十年之后的人生轨迹却大相径庭，甚至有着天壤之别？症结之一就在于有些道理是否及早就知道。

　　前阵子，看到一项调查，题目为"当你老了，一生最后悔什么？"全球统计前五名后悔之事如下：

　　第一名：后悔年轻时努力不够，导致现在一事无成。

　　第二名：后悔在年轻的时候选错了职业。

　　第三名：后悔对子女教育不当。

　　第四名：后悔没有好好珍惜自己的伴侣。

　　第五名：后悔没有善待自己的身体。

　　看到人们的这些遗憾和后悔，你是否被触动了？

其实，不是所有遗憾都会给你时间和机会去弥补。青春经不起挥霍。年轻虽是资本，但资本只有妥善经营，才能"赢利"。有些道理明白得太晚，会追悔莫及。所幸，我们还有时间弥补、修正甚至避免以上五种情况变成自己临终前的遗憾。因此，请善待你的青春，珍惜你的资本，将不断成熟的人生理念和日益丰富的人生经验，写进你的人生履历。

有些道理知道越早受益越早。千万不要到最后让自己伴着眼泪生活，用痛苦和悔恨来为自己的后半辈子祭奠。

本书没有枯燥的说教，只有娓娓的促膝长谈；没有东拼西凑的理论，只有贴近实际的经验分享。无论你是即将踏出校门的学生，还是步入社会已久的上班族，也无论是在职场中找不到方向，还是在创业路上经历了挫败和打击，你都将在这本书中找到你想要的答案。诚挚希望每个人在阅读此书的时候能够体悟到哲理经验的奥妙之处，并充分运用它们去解决人生问题。

目　录

第六章　等来的只是命运，拼来的才是人生

第七章　做好自己应该做的事，你会收获很多

第八章　一路前行，为自己积累重要的人生资本

第九章　不要和这个世界妥协，我们还有值得奋斗的理由

第十章　人在江湖飘，懂点规矩少挨刀

第十一章　职场即道场，工作即修行

第十二章　淡然前行，淡定的人生最幸福

第一章
与其被现实束缚，不如让梦想绽放

只有努力奋斗，梦想才能如烟花般华丽绽放

梦想是人生的一部分，有梦想的人生，才是完整的人生。一位美国哲人曾这样说过："很难说世上有什么做不了的事，因为昨天的梦想，可以是今天的希望，并且还可以是明天的现实。"梦想对一个人来说是极为重要的，它是生命的支撑。一个没有梦想的人，就像一个断了线的风筝一样，没有任何的方向和依靠；就像大海中一艘迷失了方向的船，永远无法靠岸。你的梦想决定了你的人生，只要心中有梦想，心就永远不会感到迷惘。

有一个叫查理斯的年轻人，他出生的时候医生就告诉他的母亲："这个孩子可能是个痴呆儿，将来什么也做不了。"

查理斯3岁那年才学会走路，他的智商明显低于其他孩子。有一次，姐姐指着镜子里的鼻子问查理斯："这是什么？"查理斯想了半天回答："这个是耳朵。"更糟糕的是，他口齿非常模糊，很多时候，就连他的父母都不知道他在说什么。

7岁那年，查理斯在翻看相册时看到姐姐在电视广告中的剧照。他一下子被迷住了。于是，他对父亲说："我也想上电视。"父亲忧心忡忡地回答："哦，那只是一个幻想。"查理斯马上反驳父亲说："不，不是幻想，这是我的梦想。"

从这之后，查理斯将这一梦想牢牢记在了心里。只要有时间，他就刻苦地练习唱歌和跳舞。5年后，他在学校的圣诞晚会上扮演了一位牧羊人，整场演出他只有一句台词。但这句话，查理斯在家反复练习了无数遍，就连说梦话都是这句台词。演出当天，查理斯的台词虽然只有一句话，但他表达得非常准确。在这次演出中，一位好莱坞的制片人记住了查理斯的名字。

10年后，这位制片人的一部电视剧需要个跑龙套的角色。于是，他找到了查理斯，就这样，查理斯接到了生命中第一个角色。终于，他圆了自己上电视的梦想。

接到这个跑龙套的角色后，查理斯仔细地琢磨着人物的性格，从多个角度思考着如何才能将这个人物演活。虽然这只是一个小小的龙套角色，但查理斯却将它当成了一个不可或缺的重要角色。他每天都琢磨着如何才能将这个人物演绎得更加出色。功夫不负有心人，查理斯的努力没有白费。电视剧播出后，人们对于剧中的主角并没有太深的印象，反而对于查理斯演的这个出场次数不多的龙套角色产生了浓厚的兴趣。

就这样，查理斯得到了越来越多观众的认可，自己也频频出现在电视上。儿时的梦想终于成了现实。后来，一位编剧专门为查理斯量身打造了一部电影。影片中的人物原型正是少年时代的查理斯。

影片播出后，在社会上引起了强烈的反响。查理斯成了家喻户晓的明星，他终于实现了自己的梦想。

苏格拉底说："世界上最快乐的事，莫过于为理想而奋斗。"奋斗是成就个人梦想的必由之路。一分耕耘，一分收获。无论是在哪个领域，要想干一番事业，使人生更出彩、生活更美好，就要脚踏实地地努力、胼手胝足地奋斗。空有梦想而不去奋斗的人是平庸的，他们整天处在幻想之中，把未来的生活打扮得五光十色，然而却只能是雾里看花罢了。因此，仅仅手执梦想之灯是不够的，要想实现梦想还需要汗水凝成的灯油与奋斗汇成的火焰。一个人只有背负明天的希望，在每一个痛并快乐的日子里，才能走得更加坚强；只有怀揣未来的梦想，在每一个平凡而不平淡的日子里，才会笑得更加灿烂。

　　刘易斯是法国一位著名皮草商的儿子。

　　一天晚上，刘易斯吃过晚饭后正站在阳台上欣赏窗外的月色，突然发现在门前站着一位年轻人。这位年轻人脸色惨白，头发蓬松，一双眼睛正直愣愣地盯着刘易斯。

　　刘易斯走下楼去，问眼前这位潦倒的年轻人为什么站在这里。

　　年轻人叹了口气，对刘易斯说："我心中一直有个梦想，那就是拥有一座高档的别墅，就像您家一样。每天晚上，我可以站在阳台上欣赏月光。可是，我发现这对于我来说真的是一个梦而已。我现在最大的梦想就是能够躺在一张宽大的床上美美地睡上一觉。"

　　听了这话，刘易斯笑着拍了拍年轻人的肩膀说："朋友，我可以让你现在就实现梦想。"

　　于是，刘易斯带着年轻人进了家中的别墅，然后把他径直带到了自己的卧室中，指着那张宽大的床说："这里是我的卧室，你今晚就在这儿睡吧！"说完，他又帮年轻人铺好了被褥，一切安排妥当之后，刘易斯才满意地到另一个房间休息去了。

　　第二天一早，刘易斯起床后的第一件事就是到自己的卧室去看那位年轻人。可是，他却发现被子并没有人动过。他疑惑地走到花园，发现那位年轻人正躺在花园冰冷的长椅上睡得正香。刘易斯走上前去，轻轻地拍醒了他。

　　看着睡眼惺忪的年轻人，刘易斯问："你为什么不在家里睡，睡在这里很容易着凉的。"

年轻人歉意地笑了笑，他回答："你给我的这些已经足够了，我真的不能在你的卧室睡。"说完，年轻人头也不回地离开了。

30年后的一天，刘易斯突然收到一封请柬，请他参加一个湖边度假村的落成庆典，落款是"一位30年前的朋友"。刘易斯想了半天，怎么也想不出自己曾经有过这样一位朋友。

刘易斯满腹疑虑地来到了指定地点。他被眼前的豪华建筑震惊了。在庆典上，刘易斯见到了许多社会名流。接下来，庄园的主人要即兴发言了。

"非常感谢大家来参加这次庆典。今天，我要感谢生命中第一个帮助过我的人，他就是我30年前的一位朋友——刘易斯。"话音刚落，他在热烈的掌声中走到刘易斯面前，并紧紧地握住了他的手。

刘易斯一下子没有缓过神来，他不解地问："朋友，我好像从来没有见过您。"

"您还记得30年前睡在公园长椅上的那位年轻人吗？"庄园主激动地问。

此时，刘易斯才明白过来，眼前这位庄园主维尔，正是那个30年前睡在长椅上的落魄少年。

在酒会上，刘易斯不解地问："我到现在还不明白，你那天为什么没有睡在床上，反而去那冰冷的长椅上睡了一夜？"

维尔说："你可能不知道。当我走进卧室，看着豪华的大床时，感觉梦想真的要实现了。可是，片刻之后我就否定了自己。我知道，那张床不管再豪华，它终究也不属于我。即使我睡在那里，第二天我依然一无所有。于是，我想要通过自己的奋斗，找到那张真正属于自己的床。现在，我终于找到了。"

歌德说过："人人心中有盏灯，强者经风不熄，弱者遇风即灭。这盏灯，就是梦想。"梦想是美好的，每个人都希望自己能美梦成真，但我们也要问问自己：你奋斗了吗？你为自己的梦想播种耕耘了吗？努力是通向梦想的必经之路，而奋斗是通向梦想的必要条件。人的一生只有一次，只有不懈地努力与奋斗，才能跃过人生中的激流，找到那条梦想之路，穿过梦想之门，找寻属于自己奋斗而得来的果实。

梦想一旦付诸行动，就会变得神圣

说到梦想，几乎每个人都会有，可是为了梦想去努力，去奋斗的人却并不多。因为，有些人只会空想，他们只是一群空想家。而努力实现梦想的人才是真正的成功者。

海伦在年少时就有一个梦想，她想成为一位作家。但是，她并没有充足的时间进行创作。生活的重担让她每天为温饱而忙碌，根本没有心情去写作。可是，她并没有忘记自己的梦想。50岁生日的那天，她退休了，终于有了空闲的时间。

为了实现自己儿时的梦想，海伦开始创作，并写下了自己的第一部悬疑小说。她满心欢喜地把稿件寄给了三家出版社，可是，她收到的却是三份退件。不过，她并没有灰心，将书稿又寄给了三十三家代理商，但没有一家愿意代理出版她的作品。

代理商认为海伦的作品很有创意，但对一部可以出版的稿件来说，仅有创意远远不够。也就是说，他们认为海伦的小说除了创意之外一无所有。海伦并不认为这是一个打击，她认为这是自己提高写作水平的机会。因为有了这些批评，她就知道了自己的弱项在哪里，强项是什么。

为了写出更好的稿件，海伦报名参加了一个研习班，主要学习犯罪调查理论和辩论的技巧。此外，她还搜集和犯罪有关的文章，并通过和犯罪学专家聊天，为自己写作积累素材。时间一长，海伦的写作技巧有了很大的提高，而且积累的素材也越来越丰富。于是，她重新构思，又开始了创作。

在一个作家会议上，海伦带去了自己已经完成的一部作品。这次，她选择了一家实力很强的代理商，把稿件交给他们看。果然不出所料，出版商看完小说后，马上就问她："你想要多少稿费？"

海伦计算了一下，认为12万美元不仅可以让自己在两年内安心写作，还可以让自己进一步研修，于是给代理商说出了这个数字。代理商立即就同意了，就这样，海伦出版了自己的第一部小说《盐的世界》，当时，她已是52岁了。

有梦想还需要付出努力，这样才能把梦想变为现实，这就是海伦带给我们的启示。

我们不仅要有敢于做梦的勇气，还要让自己的梦想扎根在现实的土地上。这好比放风筝：要想让它飞得高，就一定要把那根长线牢牢地攥在手中。说得更形象一点，梦想就像是一辆车，而对自我和社会现实的认识就像是车轮，如果我们不让车轮着地，那么这辆车就永远也到达不到终点。

正如智者的一句话："与其坐而论道，不如起而躬行。"面对人生、面对梦想，只有怀有务实的心态，付诸实践，才能让你的梦想不成为空谈，更不会只是笑谈。

对于现实中的人来说，不同的人可以拥有不同的梦想。有些人希望获取财富，有些人希望自身价值得到认可和体现，有些人希望能填补经济市场中的某个空白或者承担起自己的一份社会责任。无论一个人选择什么样的梦想作为自己的奋斗目标，一旦确立下来，就必须毅然付出全部的努力朝这个目标前进。只有这样，梦想才会具有价值，人生也因此才更有意义。

再遥远的梦想，也抵不住傻瓜似的坚持

很多人都有梦想，但并不是每个人都能够坚持自己的梦想，所以实现自己梦想的只是少数人。但事实上，任何一个拥有梦想的人，只要能够坚持下去，就会看到成功的希望。

有一个小女孩，居住在纽约州的一个小镇上。从很小的时候起，她就有一个梦想：长大以后要做一名出色的演员。邻居和亲友听后都笑她不切实际，认为她的理想不过是小孩的空想而已。

然而，她却为了自己的理想不断地努力，向理想不断地靠近，18岁那年，她考入纽约市的一所艺术学校。在学校里，她丝毫不放松，刻苦学习，她相信自己将来一定能够成为一名好演员。可是，尽管她付出了很多，她的成绩却并不尽如人意，因为在这所学校里有很多天资聪颖的优秀学生。3个月过去了，有一天母亲收到学校写的一封信："我们学校曾经培养出许多一流的男女演员，我们为此而骄傲，可是，您的女儿毫无艺术天赋和才能，这样的学生我们从未接收过，她不能再在本校学习了！"

女孩不甘心就这样被踢出校门，更不甘心就这样放弃自己的理想。在后来的两年中，她为了生计，在纽约干杂活，女招待和服务员等工作她都做过。在工作之余，她还申请参加剧院的彩排，而且彩排没有一分钱的报酬。即使这样，在公演前一个晚上，老板还是对她说："你缺乏艺术细胞，也没有什么表演才能，你走吧！"这句话无疑是扎在她心头的一根刺。

两年之后，她得了肺炎，病魔几乎搞垮了她的身体。因为付不起昂贵的医药费，她只能住进一家医疗条件很差的慈善医院。在入院的第三个星期，医生很遗憾地告诉她，这辈子她再也不能行走了，疾病使她腿上的肌肉萎缩了。在这种境况下，她不得不重返从小生活到大的那个小镇。在母亲的鼓励之下，她坚信自己总有一天会重新站起来。

母女俩在一位本地医生的帮助下开始进行恢复腿部力量的计划。最初，在她的腿上加重20磅，双腿绑上夹板，她试着用拐杖支撑行走。她经常摔倒，她的手臂也因为摔跤而惨不忍睹。看到母亲心如刀割的样子，她总是强忍着剧痛，一次一次微笑着站起来。就这样，接下来的每一天，她都在不间断地练习。终于在两年之后，她能够行走了。虽然走路时有点跛，但是她可以通过调节身体，让别人几乎看不出来她的缺陷。23岁那年，她重新回到纽约继续追寻自己的梦想。在以后17年的时间里，她一直碌碌无为，但是她并没有因此而放弃，直到40岁的时候，她才在一部影片中得到一个配角的角色。然而正是因为她的坚持不懈，上帝终于眷顾了她，她朴实的表演打动了亿万观众的心。在此之后，她终于迎来了成功，成为美国乃至世界演艺界著名的人物，她就是露茜。

只要不放弃自己的梦想，就会抓住希望。在实现梦想的过程中，不管多么坎坷艰难，只要不断努力，就会等到自己想要的结果。任何一个拥有梦想的人，都会在历经苦难之后看到光明和希望。

坚持自己的梦想，尽管前途漫长而曲折，但希望一直都在，尽管有时会失败，但你离成功又近了一步，尽管有时力不从心，但若放弃，成功就会舍你而去。坚守自己的梦想，最终你会摘得属于自己的桂冠。

他是一个苦命的孩子，从小父母双亡，被一对好心的教授夫妇收养。他在十二岁的时候，突然得了一场怪病，再也长不高了。而且，他的健康也越来越差。教授夫妇带他去看了最好的专家，得出的结论是他得了一种阻碍消化和吸收营养的病，这种病从未发现过，也自然没有名称。并且专家断言，他最多活不过半年。但是，强烈的求生欲望使得他从来没有放弃过自己，经过多方面的治疗，他勉强恢复了体力。

就这样，他在医院治疗了很长一段时间。在他九岁那年，他勉强能下地行走了，但他的个子明显比别的孩子矮，周围的孩子们都叫他"花生豆"。

可是，他从来没有在意过这些嘲笑。仍然顽强地锻炼着自己的身体，希望有一天能够发生奇迹——自己的个子能够长高。

有一天，表姐带他去一家滑冰场玩儿。他站在场边，看着表姐在场中做着各种花样动作，羡慕极了。回到家中，他突然对父母说："我想去学滑冰，我喜欢飞一样的感觉。"父母听了这话，语重心长地对他说："孩子，就你目前的身体状态，根本就不可能滑冰，我们甚至害怕你一走上滑冰场就会摔倒再也爬不起来。"但是，他依然坚持要学滑冰。无奈之下，父母终于同意了。

当他穿上滑冰鞋之后，便狂热地练习起来。他一次次地摔倒，又一次次地站起来。在整个过程中，还要不时忍耐别人讽刺的眼神和嘲笑的话语。在不断的坚持与努力中，他终于可以自由地在冰面滑行了。他坚信，自己一定能够成滑冰场上最优秀的人。

第二年，医生在为他体检的时候惊讶地发现，他居然奇迹般地长高了一些。更为重要的是，他正一点点地恢复着健康。由此，他也萌生了一个念头：做一名优秀的滑冰运动员。

几年之后，再也没有人嘲笑他了。那些曾经嘲讽过他的人们都欢呼着围在他周围，请他签名，有些人甚至虚心地向他请教滑冰的技巧。

后来，他参加了一系列滑冰大赛，并在比赛中取得了非常优异的成绩。

如今，他已经退役。但他早已凭借顽强的精神和精湛的技术赢得了世界各地滑冰爱好者的尊敬。虽然他成年后的身高只有一米六二，体重刚刚五十公斤，但是他身体健康，精力充沛。他就是奥运会花样滑冰冠军——斯科特·汉密尔顿。他用自己的自信与顽强、努力与拼搏实现了自己的梦想。

任何伟大的梦想不可能从幻想里出来，而任何光辉的时刻也必定从一分一秒的努力里得来。若想让梦想之灯放出光芒，就要去奋斗、拼搏。

这是一个绽放梦想的时代，每个人都是梦想家，要想梦想成真，必须脚踏实地、百折不挠、锲而不舍地坚持梦想。让梦想带领我们前行，照亮我们的人生。梦想是一段锲而不舍的追求，梦想是一份神圣高尚的责任，在人生的舞台上，尽情放飞你绚烂的梦想吧。

第二章

逆风飞翔，你会飞得更高更远

压力也是动力，接受压力即是接受成长的机会

社会的进步、科技的发展、日趋激烈的竞争，不仅为我们带来了前所未有的便利与快捷，也给我们带来了巨大的压力，在看似轻松的时代，压力无处不在，危机十面埋伏。著名催眠治疗师布赖恩·罗特说："只有死人才没有压力。"的确，生活中压力无处不在，压力本身就是生活的一部分。我们能不能承受得住压力，关键在于面对压力时，你自己的心态与应对的方法。

大多数人可能认为，压力是一种消极因素，殊不知，压力在某种意义上是促使人积极向上的动力。压力越大，动力也就越大，只有不断在压力中获得重生的人才能茁壮成长。

有一位哲人说过："要想有所作为，要想过上更好的生活，就必须去面对一些常人所不能承受的压力，你得像古罗马的角斗士一样去勇敢地面对它，战胜它，这就是你必须走的第一步。"的确，压力中潜藏着成长的机缘。哪里有压力，哪里就有成长的契机。

动物园里有一只美洲豹。由于美洲豹是一种濒临灭绝的动物，所以人们为了保护这只美洲豹，专门为它建造了豹园，里面有山有水，还有成群结队的牛羊兔子供它享用。奇怪的是，它只吃管理员送来的肉食，常常躺在豹房里，吃了睡，睡了吃。

　　有人说："失去爱情的美洲豹，怎么能有精神？"为此，动物园又定期从国外租来雌豹陪伴它。可是美洲豹最多陪"女友"出去走走，不久又回到豹房，还是打不起精神。一位动物学家建议说："豹是林中之王，园里只放一群吃草的小动物，怎么能引起它的兴趣，应该放些豺狗进来。"动物园里的管理人员采纳了专家的意见，放进了三只豺狗，从这以后美洲豹不再睡懒觉了。它时而站在山顶引颈长啸；时而冲下山来，雄赳赳地满园巡逻；时而接受豺狗挑衅。美洲豹有了竞争对手，也就有了压力，从此它精神倍增，与以前大不一样了。

　　自然界如此，社会也是如此。每个人都会有这样的体会：一个人饭后散步时可以背起手来，闲情漫步，如果让他挑上百斤重担，便会立马小跑起来。这是为什么？是压力产生了动力。

　　俗话说："没有压力就没有动力。"就如一根弹簧，你只有把它压下去，它才会弹起来；就像皮球，你只有拍它，它才会跳起来。人生也正如此，在压力面前，人们往往能更充分地发挥自己的潜力，在压力下不断超越自己，创造一个又一个的奇迹。

　　没有压力就唤不醒斗志，没有压力就挖掘不出潜力，所以孟子说："生于忧患，死于安乐。"压力是一支强心剂，促使我们驾着生命的马车，不断快节奏地向前奔跑。试想，一个懒散没有压力的人是如何的堕落与沉寂。他只会为别人的成功而喝彩。而自己却一事无成，安于现状，任时光流逝、岁月蹉跎，在风尘中死去。

　　也许你正感受着来自生活、工作和学习的压力，也许你正在为此抱怨，与其诅咒命运的不公，不如换一种眼光重新领悟压力的价值。只有把压力化作动力，才能真正发挥出压力内在的巨大力量。正如"二战"时期的风云人物斯大林所说："只有伟大的压力，才会产生强大的动力。"

做事不给自己留退路

　　生活中，很多人都习惯做事时给自己留一条或几条后路。退一步海阔天空，有退路固然是好的，但如果一味地后退，事事留有退路，那就意味着这个人在事情还未开始的时候，就已经准备要承受失败了，那么他成功的概率肯定小，因为，留有退路的时候，就潜藏着懈怠、自我安慰。发展到最后，可能导致自我麻痹、自我毁灭。所以有些时候，我们要断绝自己的退路，负重前进，给自己加压，挤掉"懈怠"、"自我毁灭"等不利因素，做事尽量事事成功。

　　秦朝末年，天下纷乱，诸侯为了利益相互混战，其中，项羽破釜沉舟的巨鹿大战至今人们仍在传诵。

　　当时，赵王歇被秦军围困在巨鹿（今河北平乡西南），赶紧派人四处求救，燕齐两国救赵大军早就赶到了，但见秦军势力强大，谁也不肯充当那碰石头的鸡蛋，都缩头缩脑地远离秦军驻扎。楚怀王以宋义为上将军，项羽为次将，范增为末将，率楚军主力5万人救赵，宋义屯兵46日不进，后项羽基于义愤而杀宋义，怀王乃任命项羽为上将军。

　　项羽先派都将英布、蒲将军率领两万人做先锋渡河，切断秦军运粮通道。然后，项羽率领主力渡河。渡过了河，项羽命令将士，每人带三天的干粮，把军队里做饭的锅全砸了，把渡河的船只全部凿沉，连营帐都烧了，以示决一死战之心，并对将士们说："没有锅，我们可以轻装上阵挽救危在旦夕的赵国。至于吃饭嘛，让我们到敌军营中取锅做饭吧！"

项羽破釜沉舟的决心和勇气，对将士起了很大的鼓舞作用。楚军士气振奋，士兵无不以一当十，以十当百，个个都奋勇拼杀，越打越勇。经过激烈战斗，活捉了秦军首领王离，其他的秦军将士有被杀的，也有逃走的，围困巨鹿的秦军就这样被瓦解了。

这就是中国历史上有名的巨鹿之战。

项羽大败秦军的故事告诉我们：在面临困境时，要想获得非凡的勇气去战胜困难，最好的办法就是置自己于死地，断自己的退路，背水一战。正是因为面临这种无退路的境地，人才能集中精神奋勇向前，才能最大限度地调动自己的潜能。只有这样，我们才能从生活中争得属于自己的位置。

常言道："有压力才有动力。"若要让自己的人生有所突破，有所成功，就必须给自己更大的压力，逼自己尽最大的努力。这时，选择自断退路确实是一个绝好的方式。斩断退路，就斩断了自己的惰性；斩断退路，就斩断了为自己回旋的余地，只有这样我们才能义无反顾地迈向成功的终点。相反，若心存侥幸，则会因留有后路而一败涂地。

人生没有过不去的坎儿

人生的道路并非一帆风顺，偶尔也会陷入低谷，伴随而来的是危险与磨难。虽然这非人所愿，但却是生活的本来面目。人在人生的低谷里涅槃，是一种动人的哲学。低谷可以使我们对生活更执着、更沉着、更热烈。它让困境中的人生，感激苦难，获得重生。

1973年，中东爆发的石油危机，严重打击了香港的各行各业，特别是塑胶业。当时，股票暴跌，失业人数大增，小市民生活苦不堪言。

有一天，一位蓬头垢面、愁眉苦脸、油污满手的50岁男子，拖着疲乏的双脚，踏进了旺角一位著名相士的命相馆。很明显他受了很大的挫折，希望这位相士能指点迷津，趋吉避凶。谁知道，相士如此地铁口狠批：

"你的命运，与富贵无缘。我看你还是安分地找一份工作，做个打工仔——你是不适宜自我创业的。"

受了这种挫折后，大多数人会意志消沉，意兴阑珊。但这位已经50岁的落魄问津者，却是一位不折不扣的"造命人"——这位相士的话，反而激发了他的斗志。他凭着坚强的意志，面对逆境，在往后的日子里，逆流而上，终成富豪。

1991年的农历大年初二，在中东炮火弥漫之际，香港维多利亚港举办了一次世界第二大规模的烟花会演。而这次悦目缤纷表演的赞助商"震雄集团"是一个工业机构，这打破了历年来类似会演被商业机构垄断的传统。

"震雄"的创办人，就是当年那位落魄者、向相士"下马问前程"的中年人蒋震。

而蒋震由"霉"至"发"的秘密，就是意志坚定。

蒋震是山东人，生于1923年，幼年在济南度过。1949年，蒋震来到香港。这位山东仁兄，不懂本地话，举目无亲，身无分文。为了糊口，他曾做过苦力、纱厂染工，当过开矿工人，甚至有数年的时间漂泊到日本替美军当海外劳工。

浑浑噩噩，无固定之职，无隔宿之粮，就这样，蒋震与家人过了数年朝不保夕的生活后，终于在一个偶然的机会之下，他由邻居介绍进入了香港飞机工程公司工作。

这份工作，成了蒋震生命中的转折点，他首次接触机械修理的工作，但这也为日后的工业生涯奠定了基础。他边做边学，买了不少关于机器与操作的书来充实自己，为将来的发展与成功铺路。离开了"港机"之后，蒋震转到一家由美国人开设的飞机零件生产工厂"石利洛"当总管。在这段时间，他不仅对机器的认识进一步增加，还在管理方面学会了很多知识。

"石利洛"由于不获港府发牌，最终被捷和集团接了手，而蒋震也只好辞职。

1958年，蒋震凭着一点积蓄，与友人谭雄在大堪村成立了一个小型的机械零件加工厂，"震雄"由此而来。

过了一年，蒋、谭两人开始生产一些吹气机，制造医用的塑胶药水瓶；之后，他们尝试制造吹瓶机，又推出一系列薄膜压出机。

可惜，由于他们资金有限，生产技术落后，生产的机器很快便被市场淘汰。合伙人谭雄见生意不好，心灰意懒，提出退股。从此，蒋震便单枪应战，独资经营。

蒋震这位老山东，意志坚强，不为失败所挫，仍然埋头研究吹瓶机的制作与改善。他这个山东一人帮，无法与上海帮、潮州帮、福建帮和广东帮挂钩，孤独地经营，每天花上近20小时在工厂，很多时候连家也不回。

1965年，"震雄"推出了先进的螺丝直射注塑机，获得中华厂商会第24届工业展览会"最新产品荣誉奖"。

之后，"震雄"不断革新、不断改良它的产品，业务由本港发展到海外各地；1971年，它研制成香港首台全油压增压式四安士螺丝直射塑胶机，备受使用方赞扬，这奠定了"震雄"的工业地位。

但是好景不长。1973年，中东爆发了石油危机。香港的塑胶业首当其冲，单在1973年的8至10月期间，就有77家塑胶厂倒闭。

"震雄"欠下银行200多万债务，被银行逼迫着还款，蒋震与银行交涉，获准将存货与机器出售，按月摊还欠款。

这个时期的蒋震，每日工作20小时，尽自己最大的努力，去克服这个危机。结果，三个月之后，他偿还了100多万的债务。银行见"震雄"信誉良好，便没有进一步追讨欠款，而"震雄"便因此得以幸存，在经济复苏之后，它犹如赞助会演的烟花一般，一飞冲天，光芒璀璨。

现在，震雄集团的机械远销全球40多个国家和地区。它的营业额每年高达1亿元，雇用的员工有1400多名。

　　蒋震的前半生可谓历尽沧桑，但他认为这恰恰是他成功的基础：
"一个真正活过的人，必定是一个亲身经历过内心的痛苦与皮肉的磨炼
的人。"就是这种"内心的痛苦与皮肉的磨炼"，令蒋震自强不息，用
坚强的意志克服和超越了那令人窒息的艰苦环境，成为一位工业巨子。

　　我们知道，人生之路，就是要不断地战胜困难和接受考验。虽然困难
总是让人痛苦的，但是通过困难的磨炼我们也的确会变得成熟，从这个角度
讲，困难又不是一件坏事。可以说，困难是磨砺人生的基石，只有在困难面
前毫无怯意，经过艰苦的磨炼，才能成就伟大的事业；而那些面对困难胆
怯、畏缩、逃避的人，是不会有所建树的，更谈不上有何惊人的业绩了。所
以，当困难降临时，我们不应逃避、抱怨，而应该以坦然、积极乐观的态度
对待困难，最终战胜困难。

在最深的绝望里，才能遇见最美的风景

　　上帝是公平客观的，它给你关了一扇门的同时，会为你打开另一扇窗。
人的一生总会有坎坷与挫折，当它们与你"不期而遇"时，我们是一味地抱
怨上天不公、感叹命运多舛，还是勇于面对、不屈抗争并最终战而胜之呢？
看看下面这个故事，或许你就会找到答案。

海伦·凯勒是美国学者，她在一岁半的时候突患急性脑充血病，连日的高烧使她昏迷不醒。当她醒来后，眼睛看不见了，耳朵听不见了，小嘴也说不出话来了。对这样的儿童要进行教育很困难的。但海伦依靠自身顽强的毅力学习盲文，靠手的触摸来体验文字的含义和别人说话的意思。她在聋人学校学习了数学、自然、法语、德语，并且能够用法语和德语阅读小说。考大学时英文和德文还取得了优异成绩。1904年，海伦以优异的成绩从大学毕业，然后把自己的一生献给了盲人福利和教育事业。她先后写了14部著作，《我生活的故事》、《走出黑暗》、《乐观》等都对世界产生了影响。海伦所面临的是常人无法想象的困境，可她勇于面对现实，敢于拼搏，谱写了一曲激荡人心的生命之歌，赢得了世界舆论的赞扬。联合国还曾发起"海伦·凯勒"世界运动。海伦面对逆境不自卑，在挫折面前不低头的精神使她成为生活的强者。

挫折与苦难或许关上了你的希望之门，但同时也敲开了你的梦想之窗。一个人在人生的道路上不会一帆风顺，人生道路上更多的是荆棘丛生、坎坷不断。当面临人生的苦难时，不要抱怨命运的不公，也没必要自暴自弃，因为你就是上帝派来的使者，他让你经受磨炼，不断成熟，直至抵达成功的终点。

哈伦德·山德士失去父亲的那一年，还不足5岁，他当时连自己的名字还拼写不完整，家里的人哭作一团时，他觉得很好玩，因为一时间没有能顾及他，他可以自由自在地满镇子去疯。

14岁辍学后他回到印第安纳州的农场，上学时他不开心，干农活他仍不开心，在电车上售票他还是不开心，瘦削的小脸上罩满与年龄不相符的沉重与愁苦。

17岁，他开了一个铁艺铺，生意还未完全做开就不得不宣告倒闭。

18岁，他找到生命中第一个"爱的码头"，并栖身在此。但不久后的一天，他再回家时，发现房子里的东西被搬迁一空，人也不见了踪影，爱情以迅雷不及掩耳的速度流失，"码头"从此成荒。

他尝试过卖保险，失败了。

他力争到一份轮胎推销业务，也失败了。

他学着经营一条渡船，失败了。他试着开一家汽车加油站，也失败了。

他在几乎清一色的尝试与失败中晃到了人生的中年，这个中年人的生命苍白无力到甚至无法从前妻那儿见自己的女儿一面。为了能见到自己日思夜想的女儿，这个落寞的中年男人想到了绑架，绑架自己的女儿，然而，就连这荒唐之举，在他不惜弯下男儿之躯在路边草丛中潜伏守候了十多个小时之后也宣告失败了。

这个几乎被失败判了死刑的人，又晃过了几十年无人知也无人欲知的岁月，有一天，他收到了105美元的社会福利金，他用这点福利金开了一家快餐店——肯德基。

随后的快餐业史便是一部肯德基史。

成功的道路不止一条。如果这扇窗你实在推不开，那么你可能开错了窗。打开另一扇窗，或许你会发现整个世界也一样会呈现在你的面前。

李·艾柯卡是一个传奇性人物，在美国，他的名字家喻户晓。他先担任过美国福特汽车公司的总经理，后又担任克莱斯勒汽车公司的总经理。作为一个强者，他的座右铭是："奋力向前。即使时运不济，也永不绝望，哪怕天崩地裂。"他在1985年发表的自传成为非小说类书籍畅销书，印数高达150万册。

李·艾柯卡的一生苦乐参半，他不光有成功的欢乐，也有挫折的懊丧。1946年，21岁的艾柯卡到福特汽车公司当了一名见习工程师。但他对和机器做伴、做技术工作都不感兴趣。他喜欢和人打交道，喜欢搞经销。于是，艾柯卡靠自己的奋斗，从一名普通的推销员开始做起，终于一步一步地当上了福特公司的总经理。

没有天天都是顺风顺水的好日子，生活中总会有些磨难。1978年7月13日，对李·艾柯卡来说是不幸的一天。就在这天，他被妒火中烧的大老板亨利·福特开除了。当了八年的总经理，在福特工作已32年，一帆风顺，从来没有在别的地方工作过的李·艾柯卡，突然间失业了。昨天他还是英雄，今天却好像成了麻风病患者，人人都远远地避开他，公司里的所有朋友都抛弃了他，这是他生命中最大的打击。"艰苦的日子一旦来临，除了做个深呼吸，咬紧牙关尽其所能外，实在也别无选择。"艾柯卡是这么激励自己的，最后也是这么做的。他没有倒下去。他接受了一个新的挑战：应聘到濒临破产的克莱斯勒汽车公司出任总经理一职。

在以后的5年里，面对着克莱斯勒这艘有待抢救的沉船，艾柯卡凭借着他的智慧、胆识和魄力，大刀阔斧地对企业进行了整顿、改革，并通过向政府求援，舌战国会议员，取得了巨额贷款，重振了企业雄风。1983年8月15日，艾柯卡把面额高达8亿美元的支票，交到银行代表手里。至此，克莱斯勒还清了所有债务。而恰恰是5年前的这一天，亨利·福特开除了他。

如果艾柯卡不是一个坚忍的人，不敢勇于接受新的挑战，在巨大的打击面前一蹶不振、偃旗息鼓，那么他永远只是一个微不足道的小人物。然而，正是因为他拥有不屈不挠和敢于面对困难的精神，才成就了事业上的辉煌。所以说，这个世界上，从来没有什么真正的绝境，无论黑夜多么漫长，太阳总会冉冉升起；不管风雪如何肆虐，春风终会缓缓吹来。对我们来说，当挫折接踵而来、失败如影随形时，当命运之门一扇接一扇地关闭时，我们永远也不要怀疑，因为总有一扇窗为你打开！

再艰难的人生，也要高举信念的旗帜

信念是一切成功和奇迹的源泉。信念的力量，在于即使你身处逆境，亦能帮助你扬起前进的风帆，信念的伟大，在于即使你遭遇不幸，亦能激励你激起生活的勇气。我们如果在做事之前，没能树立起一个坚定的信念，只是一味地采取消极的态度，告诉自己这也无法实现那也不可能做到，那么我们就永远不可能成功。

有一个叫亨利的青年，像大多数人一样，一心想成为一个富翁，可是如今他已经30多岁了，还是穷困潦倒，每天都在唉声叹气。这天，他的好朋友约翰找到他，兴奋地对他说："一个好消息，亨利！"亨利无精打采地说："我哪还会有什么好消息？别逗了。"

可约翰认真地说："真的是好消息，千真万确。一份很可靠的杂志说拿破仑有个私生子流落到了美国，并且这个私生子又生了一个儿子，说这个儿子个子很矮，有法国口音，总之，他的全部特点跟你完全一样，所以……"约翰盯着亨利的眼睛坚定地说："我敢肯定，你就是那个私生子的儿子，拿破仑的孙子！"

亨利不太相信，他让约翰把杂志拿来给他看。亨利看到那篇报道后，左思右想，最后终于相信他就是拿破仑的孙子！亨利感觉浑身一下子充满了力量，以前他曾为自己的矮感到无比自卑，可如今他想："矮个子多好！我是拿破仑的孙子！"

此后，每当亨利遇到困难时，他就想：我是拿破仑的孙子，这点儿事吓不倒我！就凭着这样的信念，亨利克服了一个又一个的困难。仅仅过了3年，亨利有了一家自己的公司。

后来证明亨利并不是拿破仑的孙子，不过，亨利并不沮丧，他说："是不是拿破仑的孙子对我来说已经不重要了。因为我已经懂得了成功的秘诀，那就是当我相信我能成功时，我就能成功。"

信念是强大的精神力量，坚定的信念，能使人精神振奋，甚至在生命受到威胁时，也能使人轻易脱险。

无论才能大小、天赋高低，一个人的成功与否都取决于他的信念。相信一定能做到，事实上就能够成功。反之，不相信自己，那就决不会成功。在这个世界上每天都有人开始新的工程，他们都希望能登上最高阶层，享受随之而来的成功果实。但是他们绝大多数都不具备成功的信念，因此他们也无法达到顶点。正因为他们不相信自己，以至于找不到登上巅峰的途径，所以他们也不会有任何成就。

　　在成功之前，我们必须相信自己有能力获得成功。信念的力量是强大的，要想事业有成，就必须拥有无坚不摧的信念。

　　如果一个人对成功的信念不够坚定，那么他就会在充满困难和阻碍的现实面前缩手缩脚，很难到达成功的彼岸。所以，我们应该拥有坚定的信念，我们应该相信自己总有一天会走向成功。只要我们每天都在为实现目标而坚持不懈地努力奋斗，这种坚定的信念就可以帮助我们克服重重困难，跨过种种阻碍。

第三章

现在所受的苦，将照亮你前方的路

磨难是成长的催化剂

"自古英雄多磨难，从来纨绔少伟男。"古今中外一切杰出人物，没有一个是一帆风顺走向成功的。在失败和不幸面前，他们无不是选择了发愤图强之路，一个个奋起与人生的逆境抗争，紧紧扼住命运的咽喉，做生活的强者，通过自己的艰苦奋斗，最终迎得了命运的青睐。

三十多年前，李斯特还是一个破产的电动机厂经理，在法院通知他上法庭听候破产判决的那天，老婆领着孩子与他离了婚。

但李斯特并没有被失败击倒，他破产之后没了房子，没了汽车，没了女人、孩子，没有了维持正常生存的一切，为此他非常痛苦。昨天还向他微笑的银行，今天就从他手上冷冰冰地拿走了房子；昨天还向他微笑的员工，今天就都拿着破产保证金走了；昨天还属于他的汽车，今天就上了拍卖会。昨天还和他一块同床共枕的女人，今天就带着孩子离他而去了。

李斯特失去了一切。面对这些现实，李斯特选择了一条路，捡破烂生存！他每天都要背一大袋的可乐空瓶去卖，并且每天都要总结这一天的成功之处，分析这天的失败之处，久而久之李斯特就养成了一个很好的工作习惯，而且一直保持到了现在。

今天的李斯特早已成了商业巨子，拥有了自己的跨国公司。令人惊奇的是，他起步所用的资金就是他捡破烂换回来的，今天他已是拥有数十亿资产的富翁了。

李斯特说："若没有那一次的破产打击，我或许还没有学会这些成功的秘诀，例如怎样面对打击和痛苦？怎样用痛苦与失败激励我明确奋斗的目标？怎样很好、很有效地利用好每一分钱，我需要弥补什么？"

李斯特曾讲过一句话："痛苦与失败是我的财富，虽然我不希望经常拥有这笔财富，但我要永远利用这笔曾属于我的财富，为我去创造更多的资源！"

李斯特是一个聪明的人，他将痛苦转换成动力，将不幸牢牢记在心中随时随地暗示自己去干好工作，最终他战胜了挫折，取得了巨大的成功。

人生就如同海上航船，有一帆风顺的时候，也有风浪袭头的时候，生活中，总是伴随着困难和挫折。那些能够正确面对困难和挫折的人，成功的大门会永远向他们敞开，相反，那些面对挫折一蹶不振的人，永远也无法达到胜利的彼岸。我们应该时刻准备着迎接困难与挫折的考验，加强对挫折的承受力，在困难与挫折面前永远做个强者。

美国著名作家爱伦坡，是世界文坛上一颗璀璨的明珠。但爱伦坡的一生，历经了许多屈辱与苦难。

爱伦坡小的时候是个孤儿，受尽了白眼与欺辱。在被一个富有的烟草商人收为养子后，由于不能博得养父的欢心，竟被骂为"白痴"并被用棍棒打出家门。在他26岁时，他与表妹维琴妮亚不顾一切地热恋并结婚了，那是爱伦坡一生中最美好的时光，但这也给他带来了莫大的痛苦。许多人认为他疯了，劝他尽早结束这幕悲剧；有更多的人奉劝维琴妮亚离开这个穷光蛋，在他们眼里，爱伦坡根本不配拥有爱情和一切美好的东西。

爱伦坡夫妇的生活境况十分潦倒，很多时候穷得没有饭钱，就更不用说每月三美元的房租了。不久之后，维琴妮亚便病倒在床，爱伦坡没有钱为自己的妻子买食物和药物，他们整天饿着肚子，当院里的车前草开花时，便用它煮来充饥。除了肉体的折磨，还有来自旁人的冷嘲热讽。面对外界巨大的压力和生活的落魄，爱伦坡夫妇却用世间最牢固的爱情击垮了一切流言，始终彼此恩爱。爱伦坡每天几近疯狂地写诗，渴望成功的强烈愿望使他忘记了一切痛苦，在他的脑海中，只有两个字——奋斗。

但是，体弱的维琴妮亚终究敌不过饥寒交迫，在一个寒冷的冬夜，带着对爱伦坡深深的爱离开了人世。失去了爱妻，爱伦坡几乎崩溃，唯一支撑他的就只有成功的信念了。在爱妻的坟墓旁，他强忍着泪水和思念，笔耕不辍，用全身的热情投身于创作之中。最终，他因写出了感人肺腑的《爱的称颂》而闻名于世，获得了自己人生的成功。

但许多人并不知道，在爱伦坡众多的诗作中，有一篇不朽的名诗《乌鸦》，足足花费了他10年的时间，可是当时仅卖了10美元，成为当时最大的笑话，爱伦坡因此被认为是弱智与无能之辈。但是那些嘲笑爱伦坡的人可曾料到，这首诗的原稿在当今已售价数百万美元。

做任何事情要想获得成功，必须付出代价，而挫折和失败是所付出的代价的一部分。遇到失败或是挫折并不可怕，关键是你如何对待挫折，不能一遇到挫折就心灰意懒、一蹶不振。在人生的道路上，我们要学会勇于面对挫折，不畏艰难，凭着坚强的毅力去拼搏，去追求明天的成功！

不经历风雨，怎能见彩虹

"不经历风雨，怎能见彩虹"，任何一种本领的获得都要经由艰苦的磨炼，任何香甜的果实，都是勇士战胜艰难险阻，用自己的血汗浇灌的。古往今来，有许多名人都是经过风雨的洗礼后才获得成功的。

雷·克拉克似乎是一个生不逢时的美国人，从出生到工作他总是遭受到上天的戏弄。雷·克拉克出生的那年，恰逢西部淘金热结束，一个本来可以发大财的时代与他擦肩而过。按理说，他读完中学就该上大学了，可是1931年的美国经济大萧条使其囊中羞涩而和大学无缘。后来，他想在房地产上有所作为，好不容易才打开局面，不料第二次世界大战烽烟四起，房价急转直下，结果竹篮打水一场空。为了谋生，他到处求职，曾做过急救车司机、钢琴演奏员和搅拌器推销员。就这样，几十年来，低谷、逆境和不幸一直伴随着雷·克拉克，命运一直在捉弄他。

但这一系列的挫折和失败并没有将雷·克拉克击倒，相反，他越挫越勇，热情不减，执着追求。1955年，在外面闯荡了半辈子的他回到老家，卖掉家里少得可怜的一份产业做生意。这时，雷·克拉克发现麦当劳兄弟开办的汽车餐厅生意十分红火。经过一段时间的观察，他确认这种行业很有发展前途。当时雷·克拉克已经52岁了，对于多数人来说这正是准备退休的年龄，可这位门外汉却决心从头做起，到这家餐厅打工，学做汉堡包。麦氏兄弟的餐厅转让时他毫不犹豫地借债270万美元将其买下。经过几十年的苦心经营，麦当劳现在已经成为全球大型跨国连锁餐厅，在国内外拥有3万多家连锁分店。据统计，全世界每天光顾麦当劳的人至少有1800万，麦当劳年收入高达4.3亿美元。雷·克拉克被誉为"汉堡包王"。

人生就像大海里航行的船舶，不可能总是风平浪静，一帆风顺，要遭遇无数次的险风恶浪。所以，在你的人生旅程中，遇到困难、挫折和失败是在所难免的，它们是人生的一笔财富，是促使你成功的一剂良药，不经历风雨的花儿，怎么会绽放？不经历磨难的人生，怎么会发出炫目的光彩？只有经风雨，才能见世面。只要我们不畏艰险，勇往直前，就一定会到达成功的彼岸。

苦难也是人生的一笔财富

苦难是一种财富，是对人生的一种考验。法国小说家巴尔扎克说过："苦难对于天才来说是一块垫脚石，对能干的人来说是一笔财富，而对弱者来说是一个万丈深渊。"的确，苦难的遭遇能磨砺坚强的意志，所以我们应该心存感激，接受它，超越它！人只有经过苦难的炼狱，方能读懂人生，走向成熟，人生的价值在于对自身苦难的正视、深刻思考、透彻理解以及不懈抗争。

杰弗逊是美国著名的演讲家，他常常在演讲中提到自己的女儿，他很自豪地说："我的女儿活泼可爱、热爱运动。她是学校垒球队的主力队员，她的梦想是长大后征战职业赛场。"

有一次，杰弗逊应邀到国外演讲。忽然，他接到一个从美国打来的电话：他心爱的女儿遭遇意外事故，身受重伤！他惊闻噩耗，如五雷轰顶，当即中断演讲，飞回美国。这时，女儿的一双小腿已被切除，生命幸好无恙。杰弗逊站在这个折断了翅膀的小天使面前，心如刀绞。他一向流利的口才不见了，变得语无伦次，他不知该怎样安慰女儿才好。是啊！命运对这位可爱的小姑娘太残酷了！她成为职业球星的梦想破灭了，不仅如此，她还会在日后的生活中遇到许许多多的难题。她将如何调整自己的心态来应付自己的不幸？

小女孩见父亲愁眉苦脸的样子，安慰道："爸爸，不要难过呀！你不是常说，'每一个苦难与问题的背后，都有一个更大的祝福'吗？"杰弗逊看着女儿天真烂漫的样子，不知说什么好。道理是这个道理，痛苦却是实实在在的。他颤声说："可是，你的脚……"

"没有脚，我还有手呀！我应该为自己感到庆幸，因为命运只是夺走了部分我需要的东西，我仍然能追求我喜欢的生活。"两年后，小女孩升入高中。她凭自己的实力，再度入选校垒球队。装上义肢的她，不能奔跑，只能缓步行走。正常情况下她是无法上垒得分的，即使漂亮的"安打"也不行，除非她击出"全垒打"。因此，她每天苦练臂力。她要培养一种优点来弥补自己无法改进的缺陷。最后她终于如愿以偿成为该联盟最厉害的全垒打王。

苦难是人生的一大财富，不幸和挫折可以使人沉沦，也可以铸造成人的坚强品质，成就一个充实的人生。苦难是人生的一位良师，它能教给我们学会用感激的心情、积极的态度对待一切问题，养成坚强的意志，勇敢地参与社会竞争。

虽然每个人都不希望苦难降临在自己身上，然而事实上苦难会不偏不倚地降临在每个人的身上。人是从苦难中成长起来的，没有苦难的人生是不完美的人生，就像没有风雨的天空是不完整的天空一样。人生只有经受过苦难，思想才会受到锤炼，灵魂才会得到升华，意志才能变得坚定，我们才能真正认识人生，从而实现人生的最大价值。

不惧怕任何挫折，活出强者气势

挫折是人生的课堂，只有吸取教训才能战胜挫折。挫折是成功的摇篮，播种信心才能收获幸福。如果困难来到了面前，那不是希望的消失，而是胜利在向你呼唤。

在通往目标的历程中遭遇挫折并不可怕，可怕的是因挫折而产生的对自己能力的怀疑。其实，挫折并不能证明什么，因为我们是人而不是神，我们不可能十全十美。相反，我们能力的大小，只有在经受了各种各样的考验之后方能证实。挫折就是这样一种必须经受的考验，它可以提醒我们去寻找和发现我们自身的不足之处，然后对它们进行弥补和改善。挫折使我们有了这样一种机会：让我们清醒地认识到事情是如何朝着失败的方向转变的，以便避免我们在将来因重蹈覆辙而付出更加高昂的代价。

最重要的是，挫折还使我们看清了一个自己在通往目标的道路上必须去加以征服的敌人，这个敌人不是别人，而是我们自己。人类最杰出的成就通常是在战胜自我的同时被创造出来的，人类最崇高的目标也经常是在彻底战胜自我的同时达到的。

成功是令人向往的，但通向成功的道路是坎坷的、曲折的、艰难的。纵观古今中外的成功者，哪一个不是历尽磨难？如果成功的路上都是一帆风顺，都能一蹴而就，那世界上就不会有人成功，有人失意了。只有具备面对困难百折不回、遇到挫折坚持不懈的精神的人，才有可能登上成功的巅峰。因为遇到一点儿困难就灰心丧气，受到一点儿挫折就悲观失望，并因此而打退堂鼓，这样的人是永远都不可能获得成功的。

挫折对生活的强者来说，犹如通向成功之路的层层阶梯；而对生活的弱者来说却是万丈深渊。生活告诉我们这样的哲理：在人类的历史上成就伟大事业的往往不是那些幸福之神的宠儿，而是那些遭遇诸多不幸却能奋发图强的人。

1990年，19岁的他大学毕业后参军当了一名伞兵。在部队里，他工作积极，得到了领导和战友的一致肯定。

两年后，在一次排除炸弹的行动中，他不小心引爆了炸弹。一场巨响过后，他倒在了血泊中。战友跑过来后，发现弹片撕开了他的肚子，左胳膊骨折，骨盆有18处粉碎，膝盖以下全都炸掉了。

万幸，经过紧急抢救，他终于保住了性命。当他睁开眼睛看到自己的样子时，他痛苦万分，他拉着最亲密的战友哀求："求求你，求求你一枪打死我吧。现在这个样子，活着没有任何意义，我想还是死了算了……"

战友看着安慰了他几句，含泪退了出去。

在这之后的四年中，他不断接受各种康复手术，可身上残废的地方依然没有根治。命运似乎对他开了个玩笑，总是无数次给他希望，又无数次让他失望。后来，他安装了假肢，可以试着行走了。他想："既然生命选择了我，我就要勇敢地活下去。虽然我一生再也不会像正常人那样行动，但我依然要享受生活。对，享受生活，这也许就是生命的意义吧。"于是，他开始变得乐观起来，跑步、登山和滑雪等，在不断地运动中享受着快乐与刺激。

2000年，在一次慈善募捐活动中，他又试着跳了一次伞。虽然这次只有40秒，但他却在跳伞中感受到了一种久违的亲切。在天空飞翔的那一刻，他感觉自己与健全人没什么两样。从此，他每天都练习跳伞。一年下来，他跳伞的次数达到了700多次，技术较之于以前更加娴熟了。另外，他还结识了一个同样喜欢跳伞的女孩并同她结了婚，而且他们的婚礼也是在空中举行的。

2003年，他参加了跳伞比赛，并轻松夺冠。他在接受采访的时候说："这次比赛让我感觉自己是个有用的人，我渴望战胜任何对手。"

在这之后的几年中，他练习得更加刻苦了。

在2010年英国自由式跳伞比赛中，39岁的他战胜了所有对手成功获得冠军。

他的名字叫阿利斯泰尔·霍奇森，是一个从不幸中重新站起来的人。他征服了天空，成了跳伞运动中一名优秀的运动员。他曾深情地说："我很庆幸自己能够获得今天的成绩。我想告诉那些对生命失去信心，对人生不抱任何希望的人，不管遭受多少打击与不幸，只要没有失去勇气，只要抱着一颗快乐而平静的心去奋斗，去争取，总有一天你会获得成功。"

　　人生旅途中不可能一帆风顺，常会遇到许多意想不到的困难和挫折，艰难险阻是上天对我们的馈赠，困难挫折也是对我们意志的磨炼和考验。面对人生劫难，我们要勇敢地去面对，从挫折中汲取教训，活出强者的气势。

第四章
你要相信，你比想象中强大

自己打败自己是最可悲的失败，
自己战胜自己是最可贵的胜利

人生最大的困难就是超越自己，这是因为其他困难都容易解决，唯独自己是最难超越的。高尔基曾经说过："人生中最大的胜利就是战胜自己。"

有个失败者前去向一位成功者取经，交谈的过程非常顺利，成功者夸夸其谈，谈了很多他在成功道路上曾遇到的挫折，曾经历过的磨难。其曲折的经历令失败者唏嘘不已。在交谈快要结束时，那位成功者告诉失败者："虽然我经历过很多的曲折，遇到过很多的对手，可是你知道对我而言最大的敌人是谁吗？"失败者茫然无措不知如何回答是好。那位成功者笑着说："现在，对我来说，我最大的敌人就是我自己，我最大的挑战也是我自己。只要我战胜了自己，我就有可能取得比现在更辉煌的成就。"事实证明，这位成功者所说的话是对的，因为没过几年，他确实再一次取得了成功，并且把曾经的成就远远地甩在了后面！

一个人要想拥有更大的成功，就要时刻提醒自己：超越自我，超越昨天。我们不要总是盯着自己的竞争对手。也不需要为自己曾经的失败而深深自责，我们需要做的，就是直面自我，战胜自我。

在美国，有一个年轻人，大学毕业后，他没有像其他同学一样去找工作，而是选择了创业。他心里有一个很好的项目，可是运转这个项目需要一大笔资金，这该怎么办？他找到自己的父母，自己的朋友们，分别游说他们，告诉他们这个项目非常有前途。终于，半年之后，他有了足够的资金，公司很快就成立了。果然不出所料，效益非常好，他们所生产的产品总是供不应求。如果照这个形势发展下去，不到两年他就可以把本钱赚回来。就在他为自己即将取得成功而兴奋异常的时候，"二战"爆发了！

由于战争，公司生产的产品找不到销路，最糟糕的是，公司的生产原料是战备物资之一。最后，他的公司只能宣告破产。在很长一段时间内，这个年轻人都无法从失败的痛苦中走出来。可是他知道，自己必须重新振作起来，虽然自己失败了，但因为受战事影响，很多企业都关闭了，也就是说失败的不是他一个人，为什么别人都依旧很好地生活，而自己不能呢？他穿着整洁，走出自己的房间，发现春天来了，万物生机，阳光灿烂，树木依然茁壮成长，人生是属于我自己的，既然我无法改变社会，那么我为什么不改变自己呢？于是，他重新振作，开始快乐地对待每一天。也许很多人都不会想到，这个年轻人后来拥有了一家比他当初所拥有的公司还要大的公司，每年的营业额都有数千万美元。在他办公室的墙壁上贴着这样一句话：战胜自己！

生活就是不停超越自己走向新生的过程。你如果想活得精彩就要随时做好超越自己的准备。战胜自己的过程可以使一个人成长起来，战胜自己的过程可以使一个人发觉自己身上的无限潜能，战胜自己的过程可以使一个人意识到自己的伟大。

智者一切求自己，愚者一切求他人

一天，某人在赶路，天突然下起了雨，于是这个行路人就急忙躲在屋檐下避雨。这时候他看见佛祖正撑伞走来。这人就央求道："佛祖，普度一下众生吧，送我一段路程怎么样啊？"

佛祖说："我在雨里，你在檐下，而檐下无雨，你不需要我度。"

这人一听，立刻跳出檐下，站在雨中："现在我也在雨中了，该度我了吧？"

佛祖说："你在雨中，我也在雨中，我不被雨淋，因为有伞；你被雨淋，因为无伞。所以不是我度自己，而是伞度我。你要想度，不必找我，请自找伞去！"说完便走了。

第二天，这人遇到了难事，便去寺庙里求佛祖。走进庙里，才发现在佛祖的像前也有一个人在拜，那个人长得和佛祖一模一样，丝毫不差。这人问："你是佛祖吗？"

那人答道："我正是佛祖。"

这人又问："那你为何还拜自己？"

那人笑道："我也遇到了难事，但我知道，求人不如求己。"

这个人很受启发，拜谢过后就一个人走了。

是啊，求人不如求己，自己是自己的上帝，没有人可以帮你一辈子。

寻求别人的帮助，解决问题固然可以轻松一些，可这毕竟不是长久之计，因为别人可以帮你一时，但帮不了你一世。人，真正能依靠的只能是自己。

查理的工厂宣告破产了，他失去了所有的财富，成了一个名副其实的穷光蛋，只好四处流浪，像乞丐一样活着。他无法面对残酷的现实，沮丧透了，几乎想自杀。

有一天，他想到要去见牧师。在牧师面前他流着泪，将自己如何破产、如何流浪生活给牧师细细说了一遍，诚恳地请求牧师给予指点，帮助他东山再起。

牧师望着他，沉默了一会儿说："我对你的遭遇深表同情，也希望我能帮助你，但事实上，我也没有能力帮助你。"

查理的希望像泡沫一样一下子全部破灭了，他脸色苍白，喃喃自语道："难道我真的没有出路了吗？"

牧师考虑了一下说："虽然我没办法帮助你，但我可以介绍你去见一个人，他可以协助你东山再起。"

"这个人会是谁呢？他真的有神奇的力让我重振雄风吗？"查理满腹狐疑。

牧师带领查理来到一面大镜子前，然后用手指着镜子中的查理说：

"我介绍的就是这个人。在这个世界上，只有这个人能够使你东山再起，你必须首先认识这个人，然后才能东山再起。在对这个人作充分地剖析之前，你不过是一个没有任何价值的废物。"

查理向前走了几步，怔怔地望着镜子里的自己，用手摸着长满胡须的脸孔，看着自己颓废的神色和迷离无助的双眸，他不由自主地抽噎起来。

第二天，查理又来见牧师，他从头到脚几乎换了一个人，步伐轻快有力，双目坚定有神，他说："我终于知道我应该怎么做了，是你让我重新认识了自己，把真正的我指点给了我，我已经找了一份不错的工作，我相信，这是我成功的起点。"

当我们遇到难题时，总会习惯把希望寄托于别人身上，然而我们却忽略了一个问题，只有我们自己最了解自己。只有认定自己是一座金矿，认定自己是一只潜力股。我们才能够获得成功。所以请记住自己救自己！

世上没有救世主，如果这个角色必须存在，那扮演者只能是你自己，因为只有自己才是最可信的。自己的路要自己走，别人的帮助终究是暂时的、辅助性的，只有用自己的力量克服困难、战胜挫折，才能到达成功的彼岸。

自信是一种强大的内心力量

自信心是人们完成某项任务时表现出的一种积极的心理状态，它是对自我能力、自我价值的积极肯定。有人说，自信就像人生道路上随身携带的一根鞭子，不时地鞭策自己攻克难关，登上新的高度。自信使人进步，使人发奋，使人走向成功。自信是战胜一切困难的必要条件，任何时候只有树立自信心，才能够迎刃而解所遇到的困难，而不至于悲观失望、裹足不前。

俄国著名戏剧家斯坦尼夫斯基，在一次排演一出话剧的时候，女主角突然因故不能演出了，斯坦尼夫斯基实在找不到人，只好叫他的大姐担任这个角色。他的大姐以前只是一名服装道具管理员，现在突然出演主角，便产生了自卑胆怯的心理，演得极差，这使得斯坦尼夫斯基极其不满。

一次，他突然停下排练，说："这场戏是全剧的关键，如果女主角仍然演得这样差劲儿，整个戏就不能再往下排了！"这时全场寂然，他的大姐久久没有说话。突然，她抬起头来说："排练！"一扫以前的自卑、羞怯和拘谨，演得非常自信，非常真实。斯坦尼夫斯基高兴地说："我们又拥有了一位新的表演艺术家。"

这是一个发人深思的故事，为什么同一个人前后有天壤之别呢？这就是自卑与自信的差异。

生活中，我们主观上很想有所建树，之所以没有成功，往往并不是能力不够、客观条件不够成熟，关键在于缺少自信，心里对自己产生了怀疑。或者说，许多失败是从自卑开始的，即自己看不起自己、不相信自己。莎士比亚曾说："自信是走向成功的第一步，缺少自信即是失败的原因。"爱默生说："自信是成功的第一秘诀。"一个人只要充满自信，就能产生非凡力量。

但凡成功的人士，都有着自信与积极的人生态度。他们始终以饱满的激情，强烈的自信心和积极的人生态度，去坦然地面对困难，并克服困难。

自信对每个人都非常重要，无论面临的是学习的压力，还是工作的挑战，无论身处顺境还是逆境，自信都可以产生神奇的放大效应。

信心是行动的基础，是一个人走向成功非常重要的心理素质。一个人只有心里充满必胜的信念，对自己所从事的事业坚信不疑，他才可能迈出坚定的步伐，具有克服困难的勇气和力量，想出解决问题的方法和对策，赢得他人的信赖和支持，最后才能到达为之奋斗的终点。

自信心是一个人做事情的支撑力量，没有了这种信心，就等于自己给自己判了死刑。一个乐观自信、深信自己所从事的事业会成功的人，必定会走上成功之路。相反，一个怀疑自己的能力、对未来失去信心的人，必然不会取得事业上的成就。

一个获得了巨大成功的人，首先是因为他自信。古往今来，有许多失败者之所以失败，究其原因，不是因为无能，而是因为不自信。自信，使不可能成为可能，使可能成为现实；不自信，使可能变成不可能，使不可能变成毫无希望。

人生犹如一条船，理想是帆，信心是桨，船长是自己，只要扬起帆，推起桨，成功就会在彼岸欢迎你。有信心的人可以化渺小为伟大，化平庸为神奇，从而产生奋斗的勇气和力量。

不管世界如何对你，都不要看轻自己

人生最大的悲哀就是自己低估自己，在尚未开战前自己就先丧失了求胜的勇气。许多人一事无成，就是因为低估了自己的能力，妄自菲薄，以致失败。所以，每一个人都要对自己有信心，千万不要低估自己的能力。

生活中，人总是喜欢羡慕别人，其实，你要知道，在你羡慕别人的同时，别人也在羡慕你。因为当我们看别人时，注意力往往集中在别人伟大的一面上，总觉得别人过得比自己好。其实，如果我们能够发现并享受自身生活中美好的一面，我们就会发现，只有做自己才是最好的，自己才是最伟大、最重要的。

战后受经济危机的影响，日本失业人数陡增，工厂效益也很不景气。一家濒临倒闭的食品公司为了起死回生，决定裁员三分之一。有三种人名列其中：一种是清洁工，一种是司机，一种是无任何技术的仓管人员。这三种人加起来有30多名。经理找他们谈话，说明了裁员意图。清洁工说："我们很重要，如果没有我们打扫卫生，没有清洁优美、健康有序的工作环境，你怎么能全身心投入工作？"司机说："我们很重要，这么多产品没有司机怎么能迅速销往市场？"仓管人员说："我们很重要，战争刚刚过去，许多人挣扎在饥饿线上，如果没有我们，这些食品岂不要被流浪街头的乞丐偷光！"经理觉得他们说的话都很有道理，权衡再三决定不裁员，重新制定了管理策略。最后经理在工厂门口悬挂了一块大匾，上面写着：我很重要。

从此，当职工们每天来上班时，第一眼看到的便是"我很重要"这4个字。不管一线职工还是白领阶层，都认为领导很重视他们，因此工作也很卖命，这四个字调动了全体职工的积极性，几年后公司迅速崛起，成为日本有名的公司之一。

无论一个人多么卑微、渺小，他都有自身存在的价值，如果我们能意识到"我很重要"、"我很伟大"，并以这种心态对待一切，我们的生活将变得更加美好。平凡不是你的错，但如果甘于平庸就是大错特错，不要湮没在别人的光辉里，要让自己灿烂夺目。

要知道，任何个体都是不可或缺的，即使是一粒沙、一滴水。你可以很重要，只要你懂得把自己放在最适合的位置、最适合的领域以及最适合的时间点上。我们每个人的未来都充满了无限的可能性，你应该给自己一个探索自身潜能极限的机会，你应该知道你的优势在哪里，你应该比现在生活得更好，并且让自己在生活中变得更重要。所以，我们要善待自己，勇敢地接纳自己，大胆地说出："我很重要，我很伟大。"

当你坚持不下去的时候，告诉自己再坚持一下

我们每个人都渴望成功。那么，成功的秘诀是什么呢？是坚持！成功出自坚持，坚持就是胜利！

坚持，就是将一种状态、一种心情、一种信念或是一种精神坚定而不动摇地、坚决而不犹豫地、坚韧而不妥协地、坚毅而不屈服地进行到底。成功与失败之间只有短短的距离，一个人能否成功就在于能否坚持到最后。

卡耐基曾说："许多青年人的失败，都应归咎于他们没有恒心。"的确如此，大多数青年，虽然都颇有才情，也都具备成就事业的能力，但他们缺少恒心，缺少耐力，只能做一些平庸安稳的工作，一旦遭遇困难、阻力，就立刻退缩下来，裹足不前。可见，不屈不挠、百折不回的精神，是获得胜利的基础。

人们最相信的就是意志坚决的人，虽然意志坚决的人有时也会碰到困苦、挫折，但他绝不会惨败得一蹶不振。

只要能够坚持到底，一个庸俗平凡的人也会有成功的一天；否则，即使你是一个才识卓越的人，也逃脱不了失败的命运。

正是因为有了坚持到底的信念，才有了宏伟的埃及金字塔，才有了巍峨的耶路撒冷庙堂；正是因为有了坚持到底的信念，人们才登上了气候恶

劣、云雾缭绕的喜马拉雅山，才在宽阔无边的大西洋上开辟了通道。坚持到底的信念让天才在大理石上刻下了精美的线条，在画布上留下了大自然恢宏的缩影；坚持到底让人们创造了纺锤，发明了飞梭；坚持到底使汽车变成了人类胯下的战马，装载着货物翻山越岭，在天南地北间往来穿梭；坚持到底把对大自然的研究分成了许多学科——探索自然的法则、预言其景象的变化、丈量没有开垦的土地；坚持到底还让白帆撒满了海上，使海洋向无数民族开放，从此，每一片水域都有了水手的身影，每一座荒岛都有了探险者的足迹。

坚持到底，这是成功的必然之路，唯有坚持，才能有丰收的果实。

一对从农村来城里打工的兄弟，几经周折才被一家礼品公司招聘为业务员。

他们没有固定的客户，也没有任何关系，每天只能提着沉重的钟表、影集、茶杯、台灯以及各种工艺品的样品，沿着城市的大街小巷去寻找买主。五个多月过去了，他们跑断了腿，磨破了嘴，仍然到处碰壁，连一个钥匙链也没有推销出去。

无数次的失望磨掉了弟弟最后的耐心，他向哥哥提出两个人一起辞职，重找出路。哥哥说，万事开头难，再坚持一阵，兴许下一次就有收获了。弟弟不顾哥哥的挽留，毅然告别了那家公司。

第二天，兄弟俩一同出门。弟弟按照招聘广告的指引到处找工作，哥哥依然提着样品四处寻找客户。那天晚上，两个人回到出租屋时却是两种心境：弟弟求职无功而返，哥哥却拿回来了推销生涯的第一张订单。一家哥哥曾经四次登门向其推销过商品的公司要召开一个大型会议，向他订购二百五十套精美的工艺品作为与会代表的纪念品，总价值二十多万元。哥哥因此拿到两万元的提成，淘到了打工的第一桶金。从此，哥哥的业绩不断攀升，订单一个接一个而来。

几年过去了，哥哥不仅拥有了汽车，还拥有了一百多平方米的住房并建立自己的礼品公司。而弟弟的工作却走马灯似的换着，连穿衣吃饭都要靠哥哥资助。

弟弟向哥哥请教成功真谛。哥哥说："其实，我成功的全部秘诀就在于我比你多了一分坚持。"

在生活和事业中，我们往往因为缺少这种坚持的精神而和成功失之交臂。一个成功的人，无论是致力于获取财富，还是在某一领域里成为顶尖高手，和那些无法成功的人比起来，最根本的差别就在于成功的人永不放弃，永不言败，他们永远都是坚持到最后的那一个。

世上的事，只要不断努力去做，就能战胜一切。哪怕事情再苦、再难，只要我们持之以恒、坚持到底，我们就有希望，就有成功的可能。

激发潜能，唤醒心中沉睡的巨人

在日本的某报纸上，有这样一则报道：

一名妇女有一个三岁大的孩子，有一天，她趁自己的小孩熟睡的时候外出买东西，返家途中，她与邻居在巷口闲聊，这时家中的小孩醒来找不到妈妈，便爬上阳台呼叫，不幸小孩一失足从五楼阳台上坠落下来。说时迟，那时快，这名妇女看到后飞奔至楼下，奇迹般地接住了自己的孩子。按常理说，三岁小孩体重约十五公斤重，从五楼坠下，在重力加速度的作用下，在将近到达地面时的重量绝非常人所承受得了的，况且这个人是个年近三十的妇女。这件事在日本引起了轰动。后来新闻界还专门请来举重运动员和赛跑运动员做了一个模拟试验，结果都无法成功地接住也无法及时赶到出事地点。

无独有偶。一位农夫，突然看见他14岁的儿子开着一辆轻型卡车翻到了水沟里，情况非常危急，他儿子随时都有生命危险。只见他不顾一切地拼命跑到出事地点，毫不犹豫地跳进水沟，双手伸到车下，不知他哪来的力量，竟然把卡车抬了起来，这力量足以让另一位跑过来援助的人把他失去知觉的儿子从卡车下面拽出来。孩子得救了。事后，农夫觉得非常奇怪，由于好奇，他又试了几次，结果根本就抬不动那辆卡车。

　　从上述的例子中，我们可以了解一个事实：那就是每个人都有巨大的潜能，人的潜能是无穷的。可是，由于受到后天环境的影响，大部分人都让自己的潜能处于沉睡状态，只有在某种情况下它才能被发挥得淋漓尽致。

　　其实，每个人内心深处都藏着巨大的潜能，如同一座蕴藏丰富的金矿，等待着我们去开发。美国学者詹姆斯根据其研究成果指出："普通人只开发了自己身上所蕴藏能力的1/10，与应当取得的成就相比，每个人不过是半醒着的。"是的，每个人的自身都是一座宝藏，都蕴藏着大自然赐予的巨大潜能，只是由于没有进行各种潜能训练，我们才没有机会将内在的潜能淋漓尽致地发挥出来。在我们身上没有得到开发的潜能，就犹如一位熟睡的巨人，一旦受到激发，便能发挥点石成金的力量。

　　每个人都隐藏着惊人的潜能，任其埋没，就会平庸一生；激发潜能，就能辉煌一生。罗斯福曾经说过："杰出的人不是那些天赋很高的人，而是那些把自己的才能尽可能发挥到最大限度的人。"人的潜能是巨大的，一个人只有具备积极的自我意识，才会知道自己是个什么样的人，自己能够成为什么样的人，从而他才能积极地开发和利用自己身上的巨大潜能，将不可能的事变成可能，干出非凡的事业来。

　　马塞耐是一个残疾人，靠轮椅代步已12年。他原来身体很健康，19岁那年，他为了家族的利益和别人格斗时负了伤，经过治疗，他虽然康复，但却没法行走了。他整天坐着轮椅，觉得此生已经完结，有时就借酒消愁。有一天，他从酒馆出来，照常坐轮椅回家，却碰上三个劫匪，动手抢他的钱包。他拼命地大喊，拼命地抵抗，这一下激怒了劫匪，他们没想到一个残疾人在他们面前竟敢如此反抗，于是劫匪拖住他的轮椅，摔在一边，并放火烧他的轮椅。看着轮椅燃起的火焰，这伙劫匪纵声大笑。看着自己的轮椅被烧，趴在地上的马塞耐痛苦不已。他越是痛苦，劫匪越是兴奋。劫匪们决定好好地羞辱他一番。他们站在离马塞耐几米开外的地方，对他喊道："你要是能走到这儿，我们不但还你钱包，还给你磕头，小伙子，怎么样？"

马塞耐悲愤交加，忘记了自己不能行走，双手一撑，居然从地上站了起来，拼命地向劫匪扑去。劫匪吓得目瞪口呆，也许他们觉得这太不可思议了，赶紧丢下钱包跑了。令人惊奇的是，马塞耐从此甩掉了轮椅，奇迹般地康复了。

马塞耐悟出了一个道理，那就是人身上蕴藏着无穷无尽的潜能，要不是劫匪刺激，恐怕自己要在轮椅上待一辈子。既然能站起来，他也可以干出一番事业来，他相信自己身上潜藏着的能力。他想经商，但他父母不同意，邻居们一听哈哈大笑，说他在轮椅上待了这么多年，很多事情都不了解，现在能站起来，那是上帝的恩赐，要去经商，岂不是浪费金钱，白费力气吗？父母也坚决不同意，他们要求儿子跟随自己在农场干活，别去冒险经商，还给儿子列举了许多经商失败的例子。谁知，儿子执意要经商。马塞耐的执着激怒了父母，他们和马塞耐解除了关系。马塞耐虽然很难过，但经商的意念毫不动摇，他相信他既然能站起来，因为是侮辱激发了他体内的潜能，现在去经商，成功的渴望也同样会激发他体内的潜能，他要干出一点成就让他们看看。后来他果然成了德国赫赫有名的商业大亨。当人们向他讨教成功的经验时，马塞耐说："人体内蕴藏着无穷无尽的潜能，只要你用一种方式把它开发出来，你离成功也就为时不远了。"很显然，正是父母和邻居的刺激激发了他体内的潜能，就像那劫匪的侮辱刺激他站起来一样，成功是对这些嘲笑和侮辱最好的回答。

任何成功者都不是天生的，成功的根本原因是开发了人的无穷无尽的潜能。每一个人的内部都有相当大的潜能。爱迪生曾经说："如果我们做出所有我们能做的事情，毫无疑问我们自己会大吃一惊。"激发人的潜能就是为了使我们的能力和聪明才智充分地发挥出来，为我们的生活、学习、工作打下坚实的基础，使我们在人生的道路上不断地超越自我，挑战自我，充分体现自我的人生价值，创造美好的人生！

第五章　成功需要听从内心的声音

不可能的事情，是想出来的；
可能的事情，是做出来的

在现实生活中，人们时常会遇到这样或那样的困难，看起来好像没有什么解决的办法，但只要你换一种方式去做，并排除固定观念的束缚，很多"不可能"都会变成"可能"。

年轻的时候，拿破仑·希尔的梦想是当一个作家。要实现这个梦想，他知道自己必须精于遣词造句，字词将是他的工具。但他小时候家里很穷，所接受的教育并不多，因此，"善意的朋友"就告诉他，说他的雄心是"不可能"实现的。

年轻的希尔存钱买了一本最好的、最完整的字典，他所需要的字都在这本字典里面，而他的意念是完全了解和掌握这些字。但是他做了一件奇特的事，他找到"不可能"这个词，用小剪刀把它剪了下来，然后丢掉，于是他有了一本没有"不可能"的字典。他认为对一个要成长，而且要成长得超过别人的人来说，没有任何事情是不可能。果真，十几年后，希尔成了一名优秀的作家。

由此看来，只要你从你的字典里把"不可能"这个词删除，从你的心中把这个观念铲除，从你谈话中将它剔除，从你的想法中将它排除，从你的态度中将它扫除，不要为它提供理由，不再为它寻找借口，把这个词和这个观念永远地抛弃，取而代之用光辉灿烂的"可能"来替代，你就能够将不可能变为可能。

或许你会说这套理论太玄妙、太理想化，在崇尚唯物主义的世界里，这个观念近乎荒谬。正因为如此，大部分人只能普普通通地过正常的生活，只能平平凡凡过一生，他们并不是成功者。

林语堂先生讲过一句话："为什么世界上95%的人都不会成功，而只有5%的人会成功？因为在95%的人的脑海里，只有三个字'不可能'。"改造命运、不为群体意识所绊、不被"不可能"这类词汇难倒的常常是极少数人。一件件曾被认为"不可能"的事在他们手中变为可能，他们天生就是成功者。

你是愿意过大部分人那"正常"的生活呢，还是想拥有极少数人那"不正常"的生活？如果你选择了后者，就要学会运用自己的意念。坚信你能，那么你就真的一定能，并一定能将"不可能"变成"可能"。

曾经，航空业对个人来说，是遥不可及的，想要进入这一领域更是天方夜谭。但有一个人，打破了这个规律，他就是中国民航史上第一个民间包飞机的人——王均瑶。

1991年，王均瑶还只是一个在湖南做生意的小本商人。春节前，他和一帮温州朋友从湖南包大巴回家过年，但长沙距温州非常遥远，且道路十分崎岖，这令他和他的朋友都苦不堪言。面对漫长的路途，王均瑶失落地说了句："唉！这汽车实在是太慢了。慢腾腾地，得走好几天才能到家，真累啊！"

另一位老乡听了之后，嘲笑挖苦道："飞机快，你坐飞机回去好了。"

"对啊，我为什么不能包飞机呢？"

说干就干，王均瑶就这样踏进了湖南省民航局的大门。经历了常人难以想象的艰难后，王均瑶终于包机成功了。

1991年7月28日，25岁的王均瑶开了中国民航史上私人包机的先河，承包了长沙至温州的航线，而这一天也是相当有纪念意义的。

十年之后，他又做了一项石破天惊的事情，成了民营资本进入航空业的第一人。他的均瑶集团成为中国东方航空武汉有限责任公司的股东，这是国内首家参股国有航空运输业的民营企业。

王均瑶真可谓"胆大包天"，在他的头脑中，没有"不可能"一词。别人的一句玩笑话，反而成了他进取的一个目标，从而实现了从"不可能"变"可能"的巨大转变，也创造出一片奇迹的天空。

在积极者的眼中，永远没有"不可能"，有的只是"不，可能"。积极者用他们的意志，他们的行动，证明了"不，可能"的"可能性"。

只要有足够的意志力，足够的头脑和足够的信心，任何事情都可以做到。不是不可能，只是暂时没有找到方法。正如哈瑞·法斯狄克所说："这世界现在进步得太快了，如果有人说某件事不可能做到，他的话通常很快就会被推翻，因为很可能另一个人已经做到了。在信心和勇气之下，只要我们认为可以做到，就可以以科学的方法推翻'不可能'的神话，我们就可能做成任何我们想做的事情。"

　　生活中确实有许多的"不可能"在我们心头，它无时无刻不在侵蚀着我们的意志和理想，其实，这些"不可能"大多是人们的一种想象，只要能拿出勇气主动出击，那些"不可能"就会变成"可能"。人的潜能是巨大的，一个人只有具备积极的自我意识，才会知道自己是个什么样的人，才会知道自己能够成为什么样的人，从而才能积极地开发和利用自己身上的巨大潜能，将不可能的事变成可能，干出非凡的事业来。

世上没有打不开的锁，只有想不出办法的人

　　任何问题都有解决的方法，方法和问题是一对孪生兄弟，世上没有解决不了的问题，只有不会解决问题的人。对于一些棘手的问题，不是没有解决的方法，而是我们还没有找到方法而已。只要肯思考，就总有一条路通向成功。

　　三个营销员接受了一个任务：到庙里找和尚推销梳子。第一个营销员空手而归，庙里的和尚都没有头发，不需要梳子，所以一把也没卖掉；第二个营销员回来了，销了10多把梳子，他告诉和尚，经常用梳子梳头，不仅止痒，还可以活络血脉，有益健康。念经念累了，梳梳头，

头脑会更清醒。第三个营销员回来，销掉了几百把梳子。他说："我到庙里跟老和尚说，庙里经常接受人家的捐赠，得有回报给人家，买梳子送给他们是最便宜的礼品。您在梳子上写上庙的名字，再写上'积善梳'三个字来保佑对方，这样保证庙里香火更旺。"这一下就推销了好几百把梳子。

可见，面对困难，超越自我，主动解决，是唯一的出路。办法总比问题多。而自我否定是人生成功路上的最大障碍，它阻止了自己前进的步伐。聪明的人，敢于面对问题，超越自我，积极地寻找解决问题的方法，以主动解决的韧劲，全力以赴攻克难关。他们会像老鹰一样在高空盘旋，注视四面八方，高瞻远瞩，而不会像鸭子一样只能在水面上整天除了嘎嘎抱怨以外什么都做不了。

想办法解决了问题，就是进步。而那些以为绕过问题一样可以达到目的的想法，最终往往被证明是徒费功夫的，最后还是得回到原来的问题上来，而这时再解决起来就已经失去了最好的时机，聪明反被聪明误了。

面对一个个问题和困难，你是选择解决还是不解决？这个选择的背后，就是对利弊的权衡，对整体利益的考虑。如果想要达到目标，那就只能选择去解决问题，因为逃避是解决不了问题的。

有一次，卡耐基租用纽约某家饭店的大舞厅，用来举办一季度一次的系列讲课。

后来，卡耐基突然接到通知，说他必须付比以前高出三倍的租金。卡耐基得到这个通知的时候，入场券已经印好，并且发出去了，而且所有的通告都已经公布了。

卡耐基不想支付这笔增加的租金，也不想让那些准备来听讲座的人认为他是一个言而无信的人，于是他决定和饭店经理进行协商。几天之后，卡耐基去见了饭店的经理。

"收到你的信，我有点吃惊，"卡耐基开门见山地说，"但如果我是你，我也可能发出一封类似的信。你身为饭店的经理，有责任尽可能地使收入增加。如果你不这样做，你将会丢掉现在的职位。现在，我们拿出一张纸来，把这件事对你来说的利弊列出来。"

说完，卡耐基从公文包里取出一张纸，在中间画了一条线，一边写着"利"，另一边写着"弊"。

"舞厅空下来，"卡耐基在"利"的下面写着，"你把舞厅租给别人开舞会或开大会是最划算的，这将比租给人家当讲课场能增加不少的收入。如果我占用你的舞厅来讲课，你的收入当然就要少一些。但是你不妨考虑一下'弊'的一面，如果你坚持增加租金，我因无法支付你所要求的租金，只好被逼到另外的地方去开这些课。但我们的课程会吸引不少受过教育、修养高的听众到你的饭店来。这对你是一个很好的宣传，如果你花费5000美元在报上登广告的话，也无法像我的这些课程能吸引这么多的人来你的饭店。这对一家饭店来讲，不是价值很大吗？"

卡耐基一面说，一面把这项坏处写在"弊"的下面："我希望你好好考虑你可能得到的利弊，然后告诉我你的最后决定。"

第二天卡耐基收到一封信，通知他租金只涨50%，而不是300%。

显然，卡耐基找到了解决问题的办法，也因此达到了自己的目的。他权衡的结果是还在饭店举行讲座，所以，他必须找到办法说服饭店经理。他采取了换位思考的方法，从饭店经理的角度，阐述了举办讲座的利弊，这使饭店经理认清了这件事利是大于弊的，自然接受了卡耐基的建议。同样，饭店经理也达到了自己涨租金的目的，尽管只涨了50％，而不是300％，但无论怎样目的也算达到了，因为，他的目的是涨租金，只要涨就可以了。至于具体的数目，当然是多多益善了。

也许会有很多的因素左右你的决定，但起决定因素的还是你自己，你想去做，你就会想办法一个一个解决掉这些困难，因为，办法总比问题多！

听从内心的声音，命运在自己的手中

有一个年轻人，他认为自己自命运不济，无论如何努力奋斗都不能达到成功。有一次，他去拜访一位禅师，问道："这个世界上到底有没有命运？"

禅师说："当然有啊。"

年轻人再问："命运究竟是怎么回事？既然命中注定，那奋斗又有什么用？"

禅师没有回答年轻人的问题，只是笑着抓起他的左手，说先给他看看手相，算算命。禅师先给他讲了一通生命线、爱情线、事业线等诸如此类的话，接着对年轻人说："把手伸好，照我的样子做一个动作。"说完，禅师举起左手，慢慢地且越来越紧地抓起拳头。年轻人也照着样子举起左手，抓紧了拳头。

禅师问："抓紧了没有？"

年轻人有些迷惑，答道："抓紧啦。"

禅师又问："那些命运线在哪里？"

年轻人机械地回答："在我的手里呀。"

禅师再追问："请问，命运在哪里？"

年轻人如当头棒喝，恍然大悟："命运在自己的手里！"

是啊，命运就握在我们的手中。然而，在日常生活中，说到命运，我们常常听到的说法是"人的命，天注定"、"命中只有一半米，走遍天下不满升"、"生不逢时，命运不济"等。这些对命运的悲观论调在不少人脑子里已经根深蒂固了，因此，非常有必要在人们的意识里重新建立"命运在自己手里"的观念。我们每个人都是自己命运的主人，我们的人生是失败还是成功，是默默无闻还是光彩显赫，完全掌握在自己手里。

杰佛里·波蒂洛小学六年级的时候，考试第一名，老师送给他一本世界地图。

波蒂洛很高兴，跑回家就开始看这本世界地图。很不幸，那天正好轮到他为家人烧洗澡水。波蒂洛就一边烧水，一边在灶边看地图，看到埃及时，他想："埃及很好，埃及有金字塔，有埃及艳后，有尼罗河，有法老王，有很多神秘的东西，长大以后如果有机会我一定要去埃及。"

波蒂洛正看得入神的时候，突然有一个大人从浴室冲出来，胖胖的围一条浴巾，用很大的声音对他说："你在干什么？"

波蒂洛抬头一看，原来是爸爸，赶紧说："我在看地图。"

爸爸很生气，说："火都熄了，看什么地图？"

波蒂洛说："我在看埃及的地图。"

爸爸走过来给了他两个耳光，然后说："赶快生火！看什么埃及地图？"打完后，又踢了波蒂洛屁股一脚，把他踢到了火炉旁边，用很严肃的表情跟他讲："你这辈子都不可能到那么遥远的地方！赶快生火。"

当时波蒂洛看着爸爸，呆住了，心想："我爸爸怎么这么说我，真的吗？这一生真的不可能去埃及吗？"

20年后，波蒂洛第一次出国就去了埃及，他的朋友都问他："到埃及干什么？"那时候还没开放观光，出国是很难的。

波蒂洛说："因为我内心向往埃及，我的命运我做主。"

他果然跑到埃及去旅行了。

波蒂洛坐在金字塔前面的台阶上，买了张明信片写信给他爸爸。他写道："亲爱的爸爸，我现在在埃及的金字塔前面给你写信，记得小时候，你打过我两个耳光，踢过我一脚，并说我不能到这么远的地方，现在我就坐在这里给你写信。"

写的时候，波蒂洛感触非常深。

"我的命运我自己做主！"这是一种多么催人奋进的力量啊！一个人要想成功，就必须按照自己的意志行动，听从内心的声音，别人的讥笑、讽刺都不能动摇自己的信念。只要不把你的命运交给别人，你就能决定自己的命运。

　　人生是一个从生到死的过程。这个过程充满矛盾与复杂、贫贱与富贵、痛苦与快乐、失败与成功、凶祸与吉福、荣耀与耻辱、曲折与顺利、疾病与健康……人们将这种人生际遇称之为命运。其实，每个人都有权改变自己的命运，每个人都是自己命运的创造者。它取决于人对命运的态度，对社会责任和个人责任的态度，取决于有没有不屈不挠的意志品质，能清楚地洞察命运之奥秘的人，是能做自己命运的主人的人。

第六章
等来的只是命运，拼来的才是人生

机会总在怀疑犹豫中产生，在失落后悔中结束

成功没有秘诀，如果非要说有秘诀的话，那就是立即行动起来。天上是不会掉馅饼的，要掉的话，只有陨石。

一位智商一流、执有高校文凭的翩翩才子决心"下海"做生意。

有朋友建议他炒股票，他豪情冲天，但去办股票卡时，他又犹豫道"炒股有风险啊，等等看。"

又有朋友建议他到夜校兼职讲课，他很有兴趣，但快到上课了，他又犹豫了："讲一堂课，才20块钱，没有什么意思。"

他很有天分，却做事一直犹豫。两三年了，一直没有"下"过海，碌碌无为。

一天，这位"犹豫先生"到乡间探亲，路过一片苹果园时，望见满眼都是长势茁壮的苹果树。禁不住感叹道："上帝赐予了你一块多么肥沃的土地啊！"种树人一听，对他说："那你就来看看上帝是怎样在这里耕耘的吧。"

由此可见，如果一个人做事总优柔寡断，最后就会两手空空，成不了大事。因为优柔寡断能让机会立即从你身边跑掉，让别人得到先机。

　　主意不定和优柔寡断，对于一个人来说，是一种致命的弱点。这种性格上的弱点，不仅可以破坏一个人的自信心，还可以破坏他的判断力从而导致事业失败。

　　行动能使人走向成功，似乎人人都知道，但当人们要行动时，往往就会犹豫不决，畏缩不前。"语言的巨人，行动的矮子"的人不在少数。

　　岳鹏还有半个月就大学毕业了。一天，他接到了准备聘用他的那家广告公司打来的电话，说现在策划部急需一个人，如果可能的话过两天就来上班。岳鹏为此事而感到忧心忡忡，虽然这是他向往已久的一家知名的广告公司，可是此刻他真的没想好到底要不要去。因为岳鹏的爸爸是个小有名气的企业家。通过关系，岳鹏的工作早已解决了，是他们当地最有名的一家国有企业。据说工作很轻松，用不了两年就可享受公务员的待遇。

　　两份好工作，让岳鹏陷入了两难的境地。留在北京意味着在这偌大的城市里，岳鹏只有靠自己的打拼才能谋求一席生存的空间，而今后的生活面临的无疑是未知的困难与挑战。回到父母身边，则什么也不用自己操心。难道年轻的岳鹏能够这么轻易就放弃自己一直以来的理想与追求？周围的同学、朋友众说纷纭，搞得岳鹏也不知道哪个是对，哪个是错。

　　两天的时间很快就过去了，但岳鹏还是犹豫不决。最终，他没有踏进那家广告公司的大门。

　　在父母的一再催促下，岳鹏踏上了回老家的列车。在父母的安排下，岳鹏糊里糊涂地进了那家国企。上班没一个月，他就开始厌倦这种生活了。

　　辗转反侧很长时间，岳鹏想，要不再给那家广告公司打个电话或许还有希望。当拨通了广告公司的电话时，岳鹏才明白，在犹豫不决中，他已经失去了机会。

机会往往在反复考虑之间流失，所以，机会来时，你应立即打开大门迎接，行动起来，以免稍有迟疑使你丧失即将到手的机会。伟大的成功，永远属于少说多做的人，而不是那些一味等待的人。

成败的人总为自己寻找各种借口。而有意志的人决不会找这样的借口，他们会靠自己的行动去赢得机会。他们深知，唯有自己才能给自己创造机会。而一旦有了机会，他们会抓住这些磨炼自己、完善自己的阶梯，然后顺着这些阶梯一步步走向理想之巅。

很多人做事都比较缜密，一件事非等筹划到自己认为万无一失时，才开始行动，刚刚踏入社会的年轻人尤其如此。其实，人算不如天算，所谓的周密计划往往会使你错失良机。

不管是生活中还是工作中的目标，并非都是"生死攸关"的。而事实上，有许多本来能够成功的事情，都在迟疑、犹豫中失败。很多人一开始行动的步子尚未迈出，就想到事情的消极一面，想到失败，这种恐惧心理削弱了他们的自信，限制了他们的优势，束缚了他们的手脚，使他们遇事不敢轻举妄动，从而失去机会，趋于平庸。

刚踏入社会的年轻人经常会说"这样贸然行事，无法达到最好"。其实，人根本无法达到最好，但通过实际行动可以做到更好。只有行动，才会发现自己的不足，积累弥补不足的经验，也只有行动才能使人进步。因此，最踏实的做法就是大胆向前，想做什么就去做，进而去实现自己所向往的目标，完善自我或完善生活的目标。只要向着你的目标大胆地行动起来，你就会创造奇迹。

当然，在行动中学习，付学费是不可避免。就像你走路，你总不能怕摔跤而不去学习走路。为此，每个成功人士都敢于尝试、敢于冒险、敢于做前人未做过的事。其实，尝试、错误，尝试、错误……再尝试直至成功，这正是学习和进步的唯一途径。

不要犹豫，抓住机会，行动起来，就有了希望。只有在行动中尝试，改变，再尝试……才会达到成功。有的人成功了，只因为他们抓住了机会，比我们行动得更早、犯的错误更多、遭受的失败更多。没有抓住机会，就绝对没有成功，失去机会之日，便是完全失败之时。

敢于冒险，做第一个吃螃蟹的人

一个人要想在事业上出人头地，就必须要有敢为天下先的勇气。只有敢于冒险、敢于尝试的人，才会创造并把握住更多的机会，才能最终迎来鲜花和掌声。

对于个人发展来说，冒险则成为通向成功的必由之路。在很多情况下，强者之所以成为强者，就是因为他们敢为别人所不敢为。如果缩手缩脚，即使有比别人更新的思想，也只能错过机会，成为过时的东西。

对于强者来说，"无险不足以言勇"。一个真正的强者，厌恶平淡无奇的生活，他们渴望冒险，希望在生活中掀起巨浪，喜欢充满传奇色彩的生活。从这个意义上说，敢不敢冒险，正是区别强者和弱者的标志之一。

冒险与收获常常是结伴而行的。险中有夷，危中有利。要想有卓越的成绩就要敢于冒险。

20世纪60年代中期，美国耶鲁大学的一个血气方刚的年轻人写了一篇论文。在论文中，他阐述了关于在全国范围内建立一种连夜递送邮包的快递系统的设想。在当时，这种想法是具有远大眼光和基于科学分析的冒险精神的。但是评分教授却认为，这篇论文简直是一派胡言，想法不切实际，结果得了个差等。年轻人不认为自己的设想是天方夜谭，自此他开始寻找实现梦想的机会。这个年轻人就是日后全球最大的快递公司联邦快递的创始人弗雷德·史密斯。

　　1969年，弗雷德·史密斯服完兵役后开始创业。他先收购了一家破产企业，完成原始积累，然后凭借家族的庞大资金支持，甘冒天下之大不韪，建立了有史以来第一家航空快递公司。当时，邮递运输业的许多资本家都不看好他的快递公司，不仅投入资金大，利润空间还很少，社会上对目前的运输服务也抱不信任态度。正是有这些原因，这项新行业举步维艰，初期营运持续亏损。仅一年时间内，公司亏损近2000万美元，许多亲朋好友劝他撒手，他都坚持咬牙挺住。弗雷德·史密斯深信，随着科技的发展，渴求高效快递的服务行业一定会有极其广阔的发展前景。因为如果我们能够保证用户拥有价值很高而又易损的包裹能在第二天早上安全送到目的地，他们是愿意出高额快递费的。眼下的公司亏损是因为参与快递的小包裹多，大客户少。随着公司信用度的升高，需要快递贵重物品的大客户势必会越来越多。果然，5年后公司转入盈利状态，1985年，公司总资产达到51.83亿美元。至此，弗雷德·史密斯——这位全球最大的快递公司联邦快递创始人，以甘冒天下之大不韪的冒险精神和传奇经历，被当之无愧地渲染为当今成就最大的企业家之一。

　　可见，敢于对未来、对新事物进行尝试冒险，对未知进行探索，对新事物进行开发就是成功的秘诀。

　　人的一生不可能是一帆风顺的，敢于冒险是一种必须具备的素质。一味地追求稳稳当当，四平八稳，事业就会止步不前，举步艰难。只有带着风险意识，敢于怀疑并打破过去的秩序，通过冒险而取得胜利，才能享受到成功的喜悦。有"识"有"胆"，才能攀到事业的巅峰。

不怕没机会，就怕没准备

机遇的降临，也许令很多人不可思议，以致使很多人认为它是命运的安排。但是，只要我们就每个人的一生做一番思考，就会发现，任何机遇的到来，都有其前因后果，"种瓜得瓜，种豆得豆"，机遇是从勤奋工作中得来的，它钟情于才能、勤奋和生活中的有心人。

机遇的产生和利用，都需要有其主客观条件。相对来说，主观条件更为重要。

爱因斯坦曾说过："机遇只偏爱有准备的头脑。"这便是主观条件。这里的"准备"主要有两方面的内容：一是知识的积累。没有广泛而博深的知识，要发现和捕捉机遇是不可能的。二是思维方法的准备。只具备知识而没有现代思维方式，机遇就会默默地从你身边溜走。相传鲁班被茅草划破手指，从中得到启示，发明了锯；牛顿见苹果落地，触发了灵感，发现了万有引力；伦琴在实验时，从手骨图像中，发现了 X 射线……这些人平时都既有知识的积累，又具备灵活的思维方式。

从客观条件讲，机遇的产生和利用需要有良好的社会环境，如自由的科研氛围，平等的择业、工作机会，良好的家庭环境等。例如，只有计算机高度发展和普及的现代社会，才使得大批优秀软件开发商大有用武之地。

头脑灵活，才不会错失良机。即使是碰上好运气，但如果你没有准备好，头脑不敏锐或者粗心大意，结果都会错过获得成功的机会。在弗莱明以前，就有其他科学家见过青霉素菌能抑制葡萄球菌的现象；在伦琴以前，已经有物理学家注意到 X 射线的存在，但是，由于他们不以为然，而错失良机。

许多人都认为，能否获得机会，主要是看运气的好坏。固然，运气的基本要素是偶然性的，但它对于任何人都是一视同仁的。也就是说，所有的人"交好运"的可能性一样多，在机会面前人人平等。关键在于有的人把握住了机会，而有的人没有把握住。如果说好运和机会有什么偏爱的话，那就是爱因斯坦所说的，它只偏爱有准备的头脑。如果你为获得机会做了准备，一旦条件成熟，好运自然会来，犹如水到渠成，瓜熟蒂落。

机遇往往只青睐勤奋和爱动脑的人，从来就没有不付出心血和汗水就轻而易举获得成功的。

1981年7月29日，英国王储查尔斯王子和戴安娜要在伦敦圣保罗教堂举行结婚典礼。听说，这场婚礼耗资10亿英镑，将是一场轰动全世界的婚礼。

消息传开，伦敦城内及英国各地很多工商企业都绞尽脑汁想利用这一千载难逢的发财机遇。他们认为，英国王室大办喜事，也是他们发财的大好时机。伦敦市面上到处出售王室婚礼的纪念品，品种多样。有的商家把糖盒上印上王子和王妃的照片，有的把各式服装染印上王子和王妃结婚时的图案。

但在诸多的经营者中，谁也没赚过一家经营"望远镜"的商号。这位老板想，人们最需要的东西就是最赚钱的东西，一定要找出在那一天人们最需要的东西。盛典之时，会有百万以上的人观看，将有一多半人由于距离远，而无法一睹王妃尊容和典礼盛况。这些人那时最需要的不是购买一枚纪念章、买一盒印有王子和王妃照片的糖，而是一副能使他们看清人和景物的望远镜。于是，他生产了几十万副简易望远镜。

婚礼当天，在皇家车队行经的白金汉宫到圣保罗教堂长达3.2公里的街道上，早就聚集了观礼和看热闹的人群，正当成千上万的人由于距离太远看不清王妃的丽容和典礼盛况，急得抓耳挠腮之际，千百个卖童突然出现在人群中，高声喊道："卖望远镜了，一英镑一个。请用一英镑看婚礼盛典。"顷刻间，几十万副望远镜抢购一空。不用说，这位老板发了笔大财。

机遇对任何人都是平等、公正的。就看谁抓得准、用得好。其实，在这个事例中，众多的英国工商业企业也不是没抓准机遇，只是不如生产简易望远镜的那位老板机遇抓得准罢了。说到底还是那位老板比别人研究得更细一层，准备得更充足一些。他看准了那一天人们最大的需求、最需要的东西——望远镜。

一个人关键时刻一定要抓住机遇，更深一层地研究、利用机遇。同一机遇，谁都可以利用。但利用得最好的，毕竟只是少数人。想胜人一筹，就需在认识分析上高人一筹。其实，不过是对公众需求和心理分析研究得更细一点、更深入一点，把握得更准一点，准备得更充分一点罢了，而且常需要对特定情境周围的分析研究联系起来。正可谓："天下大事，顺之者昌，逆之者亡。"审时度势，是为商者最重要的素质。

机遇来了，许多人都能发现，但并不是每个人都能抓住。成功者并非有天生的把握机遇的能力，他们只不过是在平时多留心、多观察、多思考而已。

人生中往往有许多机会降临在你的身边，就看你如何去发现，如何去利用了。在日常生活中，常常会发生各种各样的事，有些事使人大吃一惊，有些事则平淡无奇。一般而言，使人大吃一惊的事会使人倍加关注，而平淡无奇的事往往不被人所注意，但它却可能包含有重要的意义。一个有敏锐观察力的人能够看到不奇之奇，抓住一些微小的细节，加以利用，准备充分并取得成功。

没有行动，成功永远只是个白日梦

人生总有许多梦想和憧憬，假使你能实现一切梦想，抓住一切憧憬，执行一切计划，那你会在事业上取得巨大成就。然而，总是有很多人有憧憬而不去抓住，有梦想而不去实现，有计划而不去执行，最终使各种憧憬、理想、计划破灭。

一位老农有一片很大的农田，在这片农田中，横卧着一块巨大的石头。老农觉得这块巨石埋得很深，无法移动。多年以来，这块石头不仅碰断了老农好几把犁头，还弄坏了他一辆农耕机。老农对此无可奈何，巨石成了他种田时挥之不去的心病。

有一天，老农在田地里干农活，一不小心，他的犁头又被那块巨石碰断了。想起巨石给他带来的无尽麻烦，老农终于下决心弄走那块巨石，了结心病。于是，老农找来撬棍伸进巨石底下，他惊讶地发现，石头埋在地里并没有想象的那么深、那么厚，老农稍使劲就把石头撬起来了，再用大锤打碎，清出地里。老农脑海里闪过多年被巨石困扰的情景，再想到可以更早些把这桩头疼事处理掉，他禁不住一脸的苦笑。

遇到问题应立即弄清根源，有问题更须立即处理，决不可拖延，就像故事中的老农一样。很多事情并没有你想象的那么困难，只要行动起来，你就会在行动中找到解决问题的方法。

成功者一遇到问题就马上动手去解决。他们不花费时间去发愁，因为发愁不能解决任何问题，只会不断地增加忧虑、浪费时间。当成功者开始集中力量行动时，立刻就兴致勃勃、干劲十足地去寻找解决问题的办法。而失败者总是考虑他的那些"假若、如何"，所以他们在"如何"和"假若"中度过了他们的一生，最终当然是一事无成。

有一位名叫西尔维亚的美国女孩，她从念中学的时候起，就一直梦想当电视节目主持人，她觉得自己具有这方面的才干。因为每当她和别人相处时，即便是生人也都愿意亲近她并和她长谈。她知道怎样从人家嘴里掏出心里话。她的朋友们称她是他们的"亲密的随身精神医生"。她自己常说："只要有人愿意给我一次上电视的机会，我相信我一定能成功。"

但是，她没有去创造机会，而是在等待奇迹出现，希望一下子就当上电视节目的主持人。

西尔维亚不切实际地期待着，10年过去了，结果什么奇迹也没有出现。

谁也不会请一个毫无经验的人去担任电视节目主持人。而且，节目的主管也没有兴趣跑到外面去物色人才，相反都是别人去找他们。

另一个名叫辛迪的女孩却实现了自己当主持人的梦想，成了著名的电视节目主持人。辛迪并没有白白地等待机会出现。她不像西尔维亚那样有可靠的经济来源，所以白天去打工，晚上在大学的舞台艺术系上课。毕业之后，她开始谋职，她跑遍了洛杉矶的广播电台和电视台。但是，每一个地方的经理对她的答复都差不多："没有几年工作经验的人，我们是不会雇用的。"

但是，她不愿意退缩，也没有等待机会，而是走出去寻找机会。她一连几个月仔细阅读广播电视方面的杂志，最后终于看到一则招聘广告：北达科他州有一家很小的电视台招聘一名预报天气的女主持人。

辛迪是加州人，不喜欢北方。但是，有没有阳光、是不是下雪都没有关系，她只是希望找到一份和电视有关的职业，干什么都行！她抓住这个工作机会，动身去北达科他州。

辛迪在北达科他州工作了两年，最后在洛杉矶的一家电视台找到了一份工作。又过了5年，她终于得到提升，成为她梦想已久的电视节目主持人。西尔维亚那种失败者的思路和辛迪这种成功者的观点正好背道而驰。她们的分歧点就在于，西尔维亚在10年当中，一直停留在幻想中，坐等机会，期望时来运转。而辛迪则是采取行动，首先，她充实了自己；然后，在北达科他州受到了训练；接着，在洛杉矶积累了比较多的经验；最后，终于实现了理想——当电视节目主持人。

成功者的路有千条万条，但是行动却是每一个成功者的必经之路，也是一条捷径。空想家与行动者之间的区别就在于是否进行了持续而有目的的实际行动。实际行动是实现一切改变的必要前提。我们往往说得太多，思考得太多，梦想得太多，希望得太多，我们甚至计划着某种非凡的事业，最终却以没有任何实际行动而告终。

光有远大的理想是不行的，还要付诸行动，否则理想就是空想。在理想的实现上，成功者的共性是，一旦锁定目标，就马上行动起来，不断拼搏，不达目标誓不罢休。

立刻行动起来，不要有任何的耽搁。要知道世界上所有的计划都不能帮助你成功，要想实现理想，就得赶快行动起来。

也许你早已经为自己的未来勾画了一个美好的蓝图，但是它同时也给你带来烦恼，你感到自己迟迟不能将计划付诸实施，你总是在寻找更好的机会，或者常常对自己说：留着明天再做。这些做法将极大地影响你的做事效率。因此，要获得成功，必须立刻行动。任何一个伟大的计划，如果不去执行，就会像只有设计图纸而没有盖起来的房子一样，只能是一个空中楼阁。

万事始于心动，成于行动，行动是成功的阶梯，目标越明确，行动越迅速，成就自然就越大。

不去尝试，怎知你不行

人生苦短，要敢于尝试。生活原本是充满机会的，千万别因放弃尝试而错过机会。

科学家曾经做过一个有趣的试验：

他们将6只猴子关在一个密闭的笼子里，每天只给猴子很少的食物，让这6只猴子始终处于饥饿的状态。几天后，实验者从笼子上面的小洞放下一串香蕉，一只饿得头昏眼花的大猴子一个箭步冲向前，可是当它还没有拿到香蕉时，就被实验者用预设机关喷出的热水烫了一下。其余的5只猴子依次去拿香蕉时，同样都被热水烫了一下。于是，猴子们只好望着美食而不敢行动。

几天后，实验者置换一只新猴子进入笼子，当这只新来的猴子肚子饿得也想尝试爬上去吃香蕉时，立即被其他6只猴子制止，并告知有危险，千万不可尝试。实验者再置换一只新猴子进入，当这只新猴子想吃香蕉时，有趣的事情发生了，这次不仅老猴子制止它，就连没有被烫伤的新猴子也极力阻止它。

实验继续，当所有的老猴子都被换出来后，剩下的全是没有被烫伤的新猴子，笼子上头的热水机关也被撤除了，香蕉随手可得，但却没有猴子敢前去享用。

这个试验告诉我们：不去尝试，就永远不会知道结果。尝试过后或许会失败，但是我们可以从失败中汲取教训，从而为下一次的尝试做准备。

尝试是人们取得成功的前提，没有尝试就没有成功，没有尝试就没有创造发展，没有尝试就没有个人的发展和社会的进步，因为安于现状的人不会去尝试做什么，自然也不会取得什么成功。

要想成功就得敢于尝试。人生之路遥远而迷茫，前方是未知的，只有不断地探索尝试，勇敢地踏出第一步，我们才会有成功的机会。

在很久以前，古罗马有一位贤德的国王，他年纪渐渐地大了，当得知自己命不久矣时，他想通过测试从三个儿子中挑选一个继承人。于是，他命令大臣在一条两边临水的大道上放置一块光滑的巨石。无论谁想通过这条大道，都得面对这块巨石。要么从水路绕过，可太费时；要么从石头上爬过，可石头太光滑；要么你能把它推开，可谁又有那么大的力气呢？

国王叫来三个儿子，分别交给他们一封信，吩咐他们先后经过那条大道，把信送到对面的大臣手里。谁最先将信送到，谁就能成为未来的国王。最后，三个儿子都完成任务回来了。国王问："你们是如何通过那块巨石的？"

大儿子说："我是从旁边的水路划船过去的。"

二儿子说："我也是从水路过去的，不过我是游泳游过去的。"

小儿子说："我是从大道上跑过去的。"

"这怎么可能呢？难道巨石没有挡住你的去路吗？"大儿子和二儿子都很奇怪。

"没有啊，我用手使劲一推，它就滚到河里去了。"

"孩子，你是怎么想到用手去推它的？"国王问他的小儿子。

"我只不过想去试试，"小儿子说，"谁知我一推它，它就动了。"

原来，那块巨石是国王和大臣用很轻很轻的材料做的。所以最后，这位敢于尝试的小儿子继承了王位，成了新国王。

人生就是这样，只有不停地尝试，才能成功，不要让自己陷入自己的局限，每个人都不知道自己能成为什么样的人，所以只要我们敢于尝试，奇迹就可以发生在我们身上。

及时抓住机会才能拼得成功

抓住机会，才能拼得成功。

哲人说："把握机会是生命放射出的光华；勇于挑战机会是人类迈向成功的起点线。"

一年夏天，杰克和约翰不约而同地要去某个海岛上寻找金矿。

到海岛的邮船很少，半个月才一班。当他们双双赶到离码头还有100

米远时船刚好起锚。天气炎热，两人都口干舌燥，这时候正好有人推来一车茶水，杰克瞟了一眼茶水车，飞快地向邮船跑去，因为邮船已经鸣笛发动了。约翰则抓起一杯茶水就灌，他想，喝了这杯茶还来得及。杰克跑到时，船刚刚离岸一米，于是他纵身一跃，跳了上去。而约翰跑到时，船已经离岸六七米了，他只能眼睁睁地看着那船一点点离去。

杰克到达海岛后，很快就找到了金矿。几年后，他成了亿万富翁。而半个月后约翰也来到海岛上，却错失良机，最终只得做了杰克手下的一名普通矿工。

人们往往哀叹机遇难得，而机遇降临时，人们却常常因为准备不足抑或疏忽大意与机遇擦肩而过。机遇是一艘起锚的船，相差一步，就会将你无情地撇下，致使你无法抵达成功的彼岸。

具有过度安稳心理的人常常会失掉获取成功的机会，所以人生就应当抓住稍纵即逝的机会，如果过度谨慎就会失去它。也许你听过这样一个笑话："昨天晚上，机会来敲我的门，当我关上报警器，打开保险锁，拉开防盗门时，它已经走了。"这个故事的寓意是：如果不及时抓住机会，机会就会稍纵即逝。

著名的"牛仔服大王"利维·施特劳斯就是因为及时抓住了机会才获得了成功。

1847年，17岁的利维·施特劳斯从德国来到美国，投靠在纽约开布店的哥哥。

1850年，美国西部出现了淘金热，20岁的利维也加入了这股被发财的热浪所驱使的人流之中。然而，当他只身来到旧金山，看到了熙熙攘攘、成千上万的淘金者之后，他改变了淘金的初衷，决定另辟发财门径。他先是开设了一家销售日用百货的小商店并出售野营用的帐篷、马车篷用的帆布。利维认为：淘金固然能发大财，但为这么多人提供生活用品也是一桩能赚到钱的好生意。

一天，利维正扛着一捆帆布往回走，一位淘金工人拦住他说："朋友，你能不能用这种帆布做一条裤子卖给我？我整天和泥水打交道，普通的裤子经不住穿，只有帆布做的裤子才结实耐磨。"

利维听后，灵机一动，一条生财之道马上闪现在他的头脑中。于是，他立即将那位淘金工人带入一家裁缝店，按他的要求做了两条裤子。这就是世界上最早的牛仔裤。

由于牛仔裤结实耐磨，很快就成了淘金工人的热门货。

由此可见，机会来的时候，及时抓住它，你就抓住了成功的手。

要想及时抓住机会，你就要克服安于现状、恋栈旧巢的心态，摆脱惰性，克服传统、习惯和骄傲的心态，随时注意身边的事。随时准备好，因为机会每一刻都可能降临。

唯有拼搏才能让人生之花绽放

我们自出生那一刻起，就注定了要在漫长的人生路上艰难跋涉，注定不会永远一帆风顺。面对迎面而来的每一个困难，我们都要抛开恐惧，永不退缩，拿出一种勇于拼搏的精神去面对。所谓拼搏，就是在逆境之中不逃脱，在困难面前不低头，在坎坷路上勇往直前。拼搏不是一时心血来潮，不是空喊口号，拼搏是长期的，需要用坚忍的毅力来维持，需要让坚定的信心来导航。

正如流行歌曲所唱的："三分天注定，七分靠打拼，爱拼才会赢。"古今中外，许多有所成就的成功者都是经过拼搏而成就其伟业的，从他们的背后，我们看到的是汗水，是奋斗，是拼搏。

迈克尔·戴尔读大学时，像其他人一样，得自己想招赚钱。当时，谁都想拥有一台电脑，但价格太贵，大多数人买不起。戴尔心想："商家利润太可观了，生产厂家为什么不直接卖给用户呢？"于是，戴尔先从经销商手里按成本价购得积压货，回到大学宿舍里再组装配件，适当地改进一下性能后再卖出去。戴尔的电脑很受欢迎，这无疑让他见到了一个巨大商机，于是他在大学里到处发广告，以低于经销商的售价推出改装过的电脑。之后，一些商业机构、医院和律师事务所纷纷成了他的客户。

放暑假回家后，戴尔的父母表示担心他的学习成绩，劝他毕业后再创业。为了让父母放心，戴尔暂时答应了，可是一回到大学，他又开始改装、销售电脑，这让他每月有 5 万多美元的收入。后来，戴尔干脆跟父母摊牌：退学，开办公司。他想与万国商用机器公司竞争市场。父母觉得他异想天开，脑子出问题了。但无论父母怎样反对，戴尔是乌龟吃秤砣——铁了心。最后，父子达成了如下协议：戴尔可以在下一个假期试办电脑公司，一旦失败，必须回大学乖乖读书。

第二年的暑假很快到了，戴尔创办了一家以自己名字命名的电脑公司。他和房东约好房租按月支付，并请了一个同学帮他处理财务上的事。接下来，他在一块包装纸板上画了戴尔电脑公司第一个广告草图。之后，戴尔便大量销售自己改装的万国商用机器公司的电脑。功夫不负有心人，戴尔掘到了开办公司的第一桶金：18万美元，第二个月26.5万美元。这为戴尔公司打下了坚实的发展基础。十几年之后，戴尔电脑便家喻户晓了。

在这个世界上，没有人可以随随便便成功。对每个人来说，生命是有限的，只有拼搏的人生才是真正的人生。只有靠拼搏成功的人才能在自己的人生道路上活得多姿多彩。

如果你想追求自己的人生梦想，只有坚持不懈地奋斗进取，努力拼搏。从古至今，一切闪光的人生，有价值的人生，都是在拼搏中获得的。

在人生的道路上，没有拼搏进取的精神，就难以克服遇到的重重困难；没有拼搏进取的精神，就不能取得任何成功；没有拼搏进取的精神，就不能实现我们的梦想。所以，一个人唯有在人生的道路上拼搏进取，才会实现自己的人生价值。

第七章
做好自己应该做的事，你会收获很多

凡事预则立，不预则废

古人讲："凡事预则立，不预则废。"说的就是计划的重要性，大到人生规划，小到工作、生活中具体事情，无不需要进行策划——"计划先行"，此乃一切事物成功之基础。

有个名叫约翰·戈达德的美国人，他15岁的时候，就把自己一生要做的事情列了一份清单，这份清单被称作"生命清单"。在这份排列有序的清单中，他给自己设定的所要攻克的具体目标有127个。比如，探索尼罗河、攀登喜马拉雅山、读完莎士比亚的著作、写一本书等。44年后，他以超人的毅力和非凡的勇气，在与命运的艰苦抗争中，终于按计划，一步一步地实现了所有目标，成了一名卓有成就的电影制片人、作家和演说家。

可见，计划与成功是分不开的，有了计划就有了目标，就有了前进的方向。

成功的人善于规划自己的人生，他们知道自己要达到哪些目标，并且会拟订一个详细的计划，按计划行事。诚然，有的时候你没有办法完全按照计划行事，但是，计划可以为你提供做事架构的优先顺序，可以让你在固定的时间内完成需要做的事情，这会让你事半功倍。

　　伯利恒钢铁公司总裁查理斯·舒瓦普曾会见效率专家艾维·里。会见时，艾维·里说能够帮助舒瓦普把他的钢铁公司管理得更好。舒瓦普承认虽然他自己懂得如何管理，但公司管理却不尽如人意。他现在需要的不是更多的管理知识，而是更多的行动。舒瓦普对艾维·里说："应该做什么，我是清楚的。如果你能告诉我如何更好地执行计划，我听你的。在合理的范围内价钱由你定。"

　　艾维·里说："我可以在十分钟内给你一样东西，这件东西能使你公司的业绩至少提高50%。"然后他递给舒瓦普一张空白纸，说道："在这张纸上写下你明天要做的六件最重要的事。然后用数字标明每件事情对于你和你公司的重要性次序。"这花了舒瓦普大约五分钟的时间，接着，艾维·里说道："现在把这张纸放进口袋。明天早上第一件事就是把纸条拿出来，做第一项，不要看其他的，只看第一项。着手办第一件事情，直到它完成为止。然后用同样的方法做第二项，第三项……直到你下班为止。如果你只做完了第一件事，那不要紧，因为你总是做着最重要的事情。"

　　艾维·里最后说道："你每一天都要这样做。当你对这种方法的价值深信不疑之后，叫你公司的人也这样做。这个试验你爱做多久就做多久。然后给我寄张支票过来，你认为值多少就给我多少。"

　　整个会见时间不到半个小时。几个星期之后，舒瓦普给艾维·里寄去了一张2.5万元的支票，还有一封信。信上说那是他一生中最有价值的一课。

　　几年之后，这个当年不为人所知的小钢铁厂一跃成为世界上著名的独立钢铁厂，其中艾维·里提出的方法功不可没。

　　可见，制订切实可行的计划，是建立正常的工作秩序，提高工作效率必不可少的程序和措施，是推动工作顺利进行的保障。

　　计划是解决问题的方针和策略。只有行动方针确定了，才能采取行动。这种行动方针是经过思考的，而不是那种本能冲动想到的。做事之前有计划是为了寻找合适的方案。本能冲动型的人总是只想到一种行动，只考虑解决面上的问题，对后续行动和影响却不考虑。只有仔细考虑对策后，才有可能使问题得到圆满的解决。

　　做完计划再行动，就需要我们在产生问题时沉着镇静，不急于立即采取行动，而是静下心来想一想。心急的人往往会不耐烦地催促赶快采取行动，因为他们总是担心时间紧急，再不采取行动就来不及了，其实，越忙就越容易出差错。如果事先没有考虑好，路子没走对，反而会耽误时间。所以，中国古代有句俗话叫"磨刀不误砍柴工"。先磨刀，看起来耽误了工夫，但是在砍的时候由于刀口锋利，效率高，反而节省了工夫。也像出门开车，事先把地图看好了，顺着标志一路开去，就可以不绕弯路，节省时间。如果慌忙上路，看起来节省了看地图的时间，但是一旦走错了路，可能就会浪费更多的时间。因此，无论做什么事情，事先都要有周密的计划、明确的目标，这样才能把事情办好。

一次只做一件事，一次做好一件事

曾经有一位法国青年兴趣十分广泛，他热爱科学，也喜欢文学，还爱好音乐和美术。他把所有时间和精力都花在了这些事情上，可是收效甚微。他不清楚是因为自己低能，还是因为成才之路太难走。于是他去向昆虫学家法布尔请教。向法布尔说明情况后，法布尔赞许地说："看来你是一位立志献身科学的有为青年。"

法布尔建议他："把你的精力集中到一个焦点上去试试，就像这块透镜一样。"为了向这位青年充分说明这个道理，法布尔拿出一只放大镜、一张纸，放在阳光下面，结果纸上出现了一个耀眼的光斑，不一会儿纸就燃烧起来了。

青年人茅塞顿开，欣然离去。

一个人的精力总是有限的，即使天才也一样。精力如果过于分散，就会像阳光散射在纸上一样，没有任何作用；只有把精力集中到一点上，才有可能使事业之纸燃烧。要在认识自己的最佳才能、选准成才目标的前提下，集中精力去做重点突破。就像通过凸透镜把众多光束集中到一个焦点，从而引起纸的燃烧一样，人的智慧和力量也可以在"聚焦效应"作用下形成成才所需的必要能量。

人的精力是有限的，分散精力，东抓一把，西抓一把，效果自然不会太好，即使成功，也只是偶然。世界上看起来可做的事情很多，但真正能抓住的却很少。一生咬定一个目标不放松，一生只挖一口井，一生只做一件事，把一件事做透，才是成功人生的捷径，才有可能达到光辉的顶点。

一家大型的跨国公司在招聘职员时，特别注重考察应聘者专注的工作态度。通常在最后一次面试的时候，该公司的董事长都会对应聘者进行亲自考核。现任公司销售部长的约翰逊在回忆当时应聘情景时说："那是我一生中最重要的一个转折点，一个人如果没有专注工作的精神，那么他就无法抓住成功的机会。一个人只要能够集中注意力，就能摒弃外界的一切干扰，专注地去做好一件事，从而取得最终的成功。"

那天面试时，公司董事长找出了一篇一万多字的文章给约翰逊说："请你把这篇文章一字不漏地读一遍，最好能一刻不停地读完。"说完，董事长就走出了办公室。

约翰逊想：难道这就是最后的考试？仅仅就是读一遍文章吗？这太简单了。他深吸一口气，开始认真地读起来。过了一会儿，一位漂亮的金发女郎走了过来。"先生，休息一会吧，喝一杯咖啡。"她把咖啡杯放在桌上，冲着约翰逊笑了笑。约翰逊好像没有听见也没有看见似的，还在不停地读。

又过了一会儿，一只可爱的小猫伏在了他的脚边，用舌头舔他的脚踝，他只是本能地移动了一下他的脚，这丝毫没有影响他的阅读，他似乎也不知道有只小猫在他脚旁。

那位漂亮的金发女郎又飘然而至，要他帮她抱起小猫。约翰逊还在大声地读，根本没有理会金发女郎的话。

终于读完了，约翰逊松了一口气。这时董事长走了进来问："你注意到那位美丽的小姐和她的小猫了吗？"

"没有，先生。"

董事长又说道："那位小姐可是我的秘书，她请求了你几次，你都没有理她。"

约翰逊很认真地说："你要我一刻不停地读完那篇文章，我只想如何集中精力去读好它，这是考试，关系到我的前途，我不得不专注一些。别的什么事我就不太清楚了。"

董事长听了，满意地点了点头说："小伙子，你表现不错，你被录取了！在你之前，已经有很多人参加了考试，可没有一个人及格。"他接着说："现在，像你这样有专业技能的人很多，但像你这样专注工作的人却太少了！你会很有前途的。"

每次只做一件事情，凝聚心神、心无旁骛，这样一个人才可能最大限度地发挥才能。而频繁地从一件事情转换到另一件事情则是浪费时间和精力的做法。基于这个道理，人们在做事时应该避免不必要的转换，要尽可能把一件事情做好、做透、做到位，然后再考虑下一件事。

一次只专心做一件事，全身心地投入，这样我们就不会感到精疲力竭。不要让我们的思维转到别的事情、别的需要或别的想法上去，专心于我们正在着手做的事。如果你能集中注意力做事，成功的概率就会大大增加。

拖来拖去一场空，行动起来会成功

在生活中，我们要遵循的一个原则是"及时行动，绝不拖延"。我们每天都有每天的事。今天的事是新鲜的，与昨天的事不同，而明天也自有明天的事。所以应尽力做到"今日事，今日毕"，千万不要拖延到明天！每个人的一生中总有许多美好的憧憬、远大的理想、切实的计划，假使我们能够抓住一切憧憬，实现一切理想，执行每一项计划，那我们的生命真不知有多么伟大！然而我们总是有憧憬而不能抓住，有理想而不能实现，有计划而不去执行，终致坐视这些憧憬、理想、计划——破灭和消逝。所有这一切的罪魁祸首都是拖延。

听过这样一个故事：

一位年轻的女士要当妈妈了，她打算为即将出世的孩子织一身最漂亮的毛衣毛裤。她在老公的陪同下买回了一些颜色漂亮的毛线，可是她却迟迟没有动手，每当想拿起那些毛线和毛衣针时，她就会告诉自己："现在先看一会儿电视吧，等一会儿再织"，等到她说的"一会儿"过去之后，可能老公快要下班回家了。于是她又把这件事情拖到明天，原因是要给老公做晚饭。等到孩子快要出生了，那些毛线还像新买回的那样放在柜子里。老公因为心疼老婆，所以也并不催她。后来，婆婆看到那些毛线，告诉儿媳不如自己替她织吧，可是儿媳却表示一定要自己亲手织给孩子。只不过她现在又改变了主意，想等孩子生下来之后再织，她还说："如果是女孩子，我就织一件漂亮的毛裙，如果是男孩就织毛衣毛裤，上面一定要有漂亮的卡通图案。"

孩子生下来了，是个漂亮的男孩。在初为人母的忙忙碌碌中孩子一天一天地渐渐长大。很快孩子就一岁了，可是她的毛衣毛裤还没有开始织。后来，这位年轻的母亲发现，当初买的毛线已经不够给孩子织一身衣服了，于是打算只给他织一件毛衣，不过打算归打算，动手的日子却被一拖再拖。

当孩子两岁时，毛衣还没有织。

当孩子三岁时，母亲想，也许那团毛线只够给孩子织一件毛背心了，可是毛背心始终没有织成。

……

渐渐地，这位母亲已经想不起来这些毛线了。

孩子开始上小学了，一天孩子在翻找东西时，发现了这些毛线。孩子说真好看，可惜毛线被虫子蛀蚀了，便问妈妈这些毛线是干什么用的。此时妈妈才又想起自己曾经憧憬的、漂亮的、带有卡通图案的花毛衣。

可见，拖延让人一无所获，是对宝贵生命的一种无端浪费，这样的行为在我们的生活和工作中随处可见。我们之中的很多人甚至都没有意识到自己在拖延。

今天该做的事情拖延到明天完成，现在该打的电话拖延到一两个小时后才打，这个月该完成的报表拖延到下个月，这个季度该达到的经营计划要等到下个季度……凡事都留待明天处理的行为就是拖延。

在生活中，很多人都喜欢拖延，想着"反正还有时间，等一会再做"、"明天再说吧"，结果一拖再拖，最终一事无成。

对每一个渴望有所成就的人来说，拖延是最具破坏性的，它是一种最危险的恶习，它能使人丧失进取心。拖延是一切目标、行动、信念的最大障碍，拖延总是以借口为向导，让我们错失机会，而借口总是合情合理，让拖延顺理成章，让我们难以觉察。我们一旦开始遇事拖延，就很容易再次拖延。

拖延是一味慢性毒药，在不知不觉当中会令人们对时间的流逝感到麻木，等到我们发现属于自己的时日不多之际，这味毒药已经侵入了我们的骨子里，毒性已经扩散到全身，过去的一切都已无法挽回，原本可以得到的一切也如东去之水，永不回头。因此，对待工作我们必须要积极热情，必须立刻付出行动，不浪费一分一秒的工作时间，今天应该完成的事情绝不拖到明天。

理查德是连锁加油站的老板。有一次，他和助手到公司各部门巡视工作。到达莫比尔市一个区的加油站时，已经是下午三点了，理查德看见油价告示牌上公布的价格还是昨天的，并没有按照总部指令将油价下调5美分／加仑进行公布，他十分恼火。

理查德立即让助手找来了加油站的主管福克斯。

远远地望见这位主管，理查德就指着报价牌大声说道："你大概还熟睡在昨天的梦里吧！要知道，你的拖延已经给我们公司的荣誉造成了很大损失，因为我们收取的单价比我们公布的单价高出了5美分，我们的客户完全可以在莫比尔市的很多场合，贬损我们的管理水平，并使我们的公司被传为笑柄。"

此时，这位主管才意识到了问题的严重性，他连忙说道："是的，我立刻去办。"

看见告示牌上的油价得到更正以后，理查德面带微笑说："如果我告诉你，你腰间的皮带断了，而你却不立刻去更换它或者修补它，那么，当众出丑的只有你自己。这是世界第一零售商沃尔玛商店的信条，你应该要记住。"

随后，理查德和助手一起离开了加油站。从此之后，那位主管先生做事再也没有拖拖拉拉。

成功者必是立即行动者。对于他们而言，时间就是生命，时间就是效率，时间就是金钱，拖延一分钟，就浪费一分钟。只有立即行动才能挤出比别人更多的时间，才能比别人提前抓住机遇。所以，我们必须改掉拖延的恶习，立即行动起来。

那么克服拖延有什么技巧呢？

1．制订一个可行的工作或学习计划

制订的计划一定要是你自己认为可行的，时间也要放宽松些，并要适合自己的作息习惯。这一步主要是让你有能力和信心坚持做成一件事，当你做出了成就后这可以为你带来愉悦感和继续努力下去的动力。

2．自我监督或让他人帮助监督

当一天结束时，做一下自我总结，检查一下自己的做事效率。同时，你可以把自己的计划告诉别人，让他人帮助监督，在自尊心的驱使下使自己按时完成计划。

3．做到今日事今日毕

不论你今天有多累，不论你明天的时间有多充足，不论你有多少理由，假如你想尽快改掉自己做事拖延、不能立即行动的恶习，那就每天为自己列个事情明细单，要求自己做到"今日事，今日毕"；绝不要为自己找各种各样的借口，拖拉的结果只会让有待处理的事情变得越来越多，你的身心越来越疲惫。

播下一个行动，收获一个习惯

常言道：习惯成自然。习惯一旦形成，就会成为一种定型性的行为，就会变成人的一种自觉需要。它不需要别人的提醒，不需要别人的督促，也不需要自己意志力的支持，它已经变成了一种自动化的动作和行为。

习惯直接影响一个人的命运。好的习惯使人立于不败之地，坏的习惯会使人一事无成。

　　有个时期，美国富豪盖蒂对香烟很上瘾，有一天，他度假开车经过法国，那天正好下着大雨，地面特别湿滑，开了好几个钟头的车子之后，他到了一个小城里的旅馆过夜。吃过晚饭后他回到自己的房里，很快便睡了。

　　盖蒂清晨两点钟醒来，想抽一支烟，打开灯，他习惯性地伸手去找他睡前放在桌上的那包烟，发现是空的。他下了床，搜寻衣服口袋，结果一无所获。他又搜索他的行李，希望在其中一个箱子里能发现他无意中留下的一包烟，结果他又失望了。他知道旅馆的酒吧和餐厅早就关门了。现在他唯一能得到香烟的办法就是穿上衣服，走到火车站去买香烟，但火车站在六条街之外。

　　情况看起来并不乐观，外面仍下着雨，他的汽车停在离旅馆尚有一段距离的车房里。而且，别人提醒过他，车房是在午夜关门，第二天早上六点才开门。这时能够叫到计程车的机会也几乎为零。

　　显然，他如果真的这样迫切地要抽一支烟，他只有在雨中走到车站，但是要抽烟的欲望不断地侵蚀他，并越来越重。于是他脱下睡衣，穿上外衣，当他伸手去拿雨衣时他突然停住了，开始大笑，笑他自己。他突然体会到，他的行为多么不合逻辑，甚至荒谬。

　　盖蒂站在那儿寻思，一个所谓的知识分子，一个所谓的商人，一个自认为有足够的理智对别人下命令的人，竟仅仅是为了得到一支烟要在三更半夜，离开舒适的旅馆，冒着大雨走过好几条街。

　　盖蒂生平第一次认识到这个问题，他已经养成了烟不离手的习惯。他愿意牺牲躺在旅馆的舒适感，去满足欲望。这个习惯显然没有好处，他突然注意到了这一点，片刻就做出了决定。他下定决心改掉这个习惯，于是，他把那个依然放在桌上的烟盒揉成一团，放进废纸篓里。然后他脱下衣服，再度穿上睡衣回到床上。带着一种解脱，甚至是胜利的感觉，他关上灯，闭上眼，听着打在门窗上的雨点。几分钟之后，他心满意足地睡着了。自从那天晚上以来他再也没抽过一支烟，也没有了抽烟的欲望。

盖蒂说，他并不是利用这件事来指责香烟或抽烟的人。常常回忆这件事，仅仅是为了表示，以他的情形来说，被一种坏习惯制服，已经到了不可救药的程度，差一点就成了它的俘虏。

习惯是所有伟人们的"奴仆"，也是所有失败者的"帮凶"。伟人之所以伟大是因为有习惯的鼎力相助，失败者之所以失败，习惯同样责不可卸。由此可见，习惯对于我们的一生，是多么重要。

俄国教育家乌申斯基对习惯做了一个形象的比喻，他认为："好习惯是人在神经系统中存放的资本，这个资本会不断地增长，一个人毕生都可以享用它的利息。而坏习惯是道德上无法还清的债务，这种债务能以不断增长的利息折磨人，使人最好的创举失败，并把人引到道德破产的地步。"

概括地说：一个人如果养成了好的习惯，就会一辈子享受不尽它的利息；要是养成了坏习惯，就会一辈子都偿还不完它的债务。这就是习惯！

如果你有幸养成了好习惯，就会终身受益；而一旦沉溺于坏习惯之中，你就会于不知不觉中把自己毁掉。正如世界著名心理学家威廉·詹姆士所说：播下一个行动，收获一个习惯；播下一个习惯，收获一种性格；播下一种性格，收获一种命运。

美国成功学大师拿破仑·希尔所说："习惯能够成就一个人，也能够摧毁一个人。"所以，我们如果要想获得事业上的成功和生活中的乐趣，就必须明白习惯的力量是强大的。我们必须养成良好的习惯，同时，时时警惕那些危害我们生活的坏习惯。

与其改变环境，不如主动适应环境

哥伦布发现美洲大陆后，欧洲居民持续不断地向美洲移民。为了得到足够的食物，欧洲人在美洲大量种植苹果树。但是在19世纪中期，美国的苹果大面积减产，原因是出现了一种新的害虫——苹果蛆蝇。刚开始，人们以为害虫是从欧洲带过来的，后来经过研究发现，苹果蛆蝇是当地一种叫山楂蝇的虫子变化而来的。由于人们大量种植苹果树，许多本地的山楂树被砍掉了，以山楂为生的山楂蝇为了适应这种情况，改变了自己的生活习性，开始以苹果为食物了。

生物适应环境的能力令人可敬可叹。人类同样需要这样做才能在社会中生存。每个人对社会环境都要适应，要承受一切不可逆转的事实，对那些必然的事情主动而轻松地承受。人生要随时接受各种艰难环境的考验。要成功，就要有一个成功的环境。你在什么环境里，就会受什么环境的影响。就像上述事例中的山楂蝇，为了生存，为了适应环境，竟不惜改变自己的习性。

哈佛大学里有一位著名的经济学教授，凡是他教过的学生，很少有顺利拿到学分毕业的。原因在于这位教授平时不苟言笑，教学古板，分派作业既多且难，学生们不是选择逃学，就是上课睡觉，他们宁可拿不到学分，也不愿多听教授讲一句。但这位教授是美国首屈一指的经济学专家，国内几位有名的财经人士，都是他的得意门生。谁若是想在经济学这个领域内闯出一点儿名堂，首先得过了他这一关才行。

一天，教授身边紧跟着一名学生，二人有说有笑，惊煞了旁人。后来，就有人问那名学生说："你为什么天天围着那古板的老教授转？"那名学生回答："你们听过穆罕默德唤山的故事吗？穆罕默德向群众宣称，他可以叫山移至他的面前来，等呼唤了三次之后，山仍然屹立不动，丝毫没有向他靠近半寸；然后，穆罕默德又说，山既然不过来，那我自己走过去好了！教授就好比是那座山，既然教授不能给我想要的学习方式，那我只好去适应教授的授课理念。反正，我的目的是学好经济学，是要入宝山取宝，宝山不过来，我当然是自己过去喽！"

后来，这名学生果然出类拔萃，毕业后没几年，就成为金融界了不起的人物，而他的同学，都还停留在原地"唤山"呢！

人不可能一直生活在自己意愿的环境中，当生存的环境变得越来越艰难时，我们要懂得改变自己去适应它。如果我们强行让外界适应我们的话，我们就可能会花费巨大的代价，而且还不一定能取得成功。所以说，与其试图改变环境适应自己，不如改变自己去适应环境。

科学技术的飞速发展，让现代社会的竞争变得日益激烈，如果我们想在竞争中生存下来，就要学会适应周围的环境，找到适合自己的生存法门。只有这样，才能更好地在这个社会生存。

人的一生，其实质是一个不断适应的过程，新员工的适应只是人生某一阶段的一个新起点，所以我们要学会尽快地适应新环境，主动地适应新规则，用新思想提升自己各方面的能力。

一个人要想营造成功幸福的人生，就一定要有适应环境变化的能力。生活中，我们每个人都会遭遇恶劣的环境，既然我们没有办法改变，何不试着去适应呢？这是一个适者生存的时代，只有学会适应社会环境，个人才能生存和发展。要知道，一个人不可能总是生活在同一个环境中，即使是生活在同一个环境中，环境也会时常发生变化，如果不适应环境的变化或者适应不了新环境，则只能被淘汰或归于失败。

总之，适应环境既是一种时代的需求，也是一种艺术。我们只有与现实环境保持良好的接触，以客观的态度面对现实，随时调整自己，保持良好的适应状态，才会求得最大的快乐和幸福。

只有懒惰是懒人的专利，
世上岂有不劳而获的东西

懒惰是一种好逸恶劳，不思进取，缺少责任心的心理表现。如果一个人过于懒惰，那么无论他的理想有多么伟大，他都不可能实现，因为懒惰的人是很难把理想付诸行动的。而且，一个人一旦养成了懒惰的习惯，就会给他的发展带来不可忽略的其他问题，这些问题的存在，会让一个人在成功路上处处受阻。

懒惰是人类最难克服的一个敌人。很多人之所以总是拖延做事，就是因为懒惰。许多本来可以做到的事，就因为一次又一次的懒惰拖延而错过了成功的最佳时机。黑格尔说过："即使天才朝朝暮暮躺在青草地上，吹着微风，眼望着天空，灵感也始终不会光顾他。"天分高的人如果懒惰成性，不努力发展自己的才智，则其就不会有很大成就。

古时候，有一个懒惰的文人，怕读书费脑筋，就把书烧成灰，包在饺子里吃下去了，他以为这样就是读书的最好方法。到应考时，他也预先请人把试卷写好，如法炮制，吃进肚里。他真是"一肚子文章"。考试的结果，大家也可想而知。这就是懒惰造成的结果。

懒惰，使人的才华被埋没，使人的潜能被扼杀，使人的一切希望都化为泡影。一个人如果为懒惰所左右，那么他除了躺在草坪上，做一些"黄粱美梦"以外，很难再有什么别的作为了。所以，你如果想要在工作中取得成绩，就要改掉懒惰的毛病，否则，多么好的设想、计划，都不可能实现。

庄子曰："夫哀莫大于心死，而人死亦次之。"对于一个人来说，惰性是一事无成的重要原因。世上没有哪个人生下来就该贫穷潦倒。在机会均等的情况下，一个人能否有所作为，主要就看你能否克服惰性。

其实，惰性的表现往往是你自己的一个念头，只要你能够把这个念头打消了，那么懒惰也就会从你的身上逃走了。赶走了懒惰的你，就自然而然地会从自己动手改造自己开始，你的许多实践，你的许多行动，都会在你的勤劳中获得回报。

懒惰是走向成功的最大绊脚石。在工作中，如果一个人采取懒惰拖延的态度，那么他永远都不会有所作为。

第八章 一路前行，
为自己积累重要的人生资本

分享，为你带来更多更广的资源

古语有云："与君同行，分之即得之！"意思是说和别人在一起，如果你愿意和身边的人分享你的东西，那么得到的一定比失去的多。在当今社会中，分享已经越来越成为商业活动中不可或缺的品质。分享，是现代人际交往的基础，也是生活品质得以提升的表现。只有懂得与人分享，乐于与人分享，敢于与人分享，才能充分得到别人的尊重与认可，才能让你事业走向成功。

有句话说得好："财散人聚。"经商的人不能一直以谋求利益为经商之目的。只有把利益与别人分享，才会赢得信赖、聚集人心，这样一来自己的业务范围才会越宽，合作伙伴才会越多，生意才会越做越大。与人分利是获得成功的重要秘诀。

吉田忠雄是日本吉田工业公司的董事长，吉田工业公司是世界上最大的拉链制造公司。年营业额达25亿元。年产拉链84亿条，其长度达190万公里，足够绕地球47圈。吉田忠雄本人被称为"世界拉链大王"，他说他之所以成功是因为"善的循环"。这与他小时候捕鸟时受到的教育是分不开的。

吉田忠雄的父亲吉田久太郎是个稳重而又有正义感的小鸟贩子，他以捕捉、饲养、贩卖小鸟为生。7岁时，吉田忠雄就上山给父亲做帮手。他们捉鸟从来不捕幼鸟，不捕喂养期的成鸟。用吉田久太郎的话说，首先得保证鸟类能够代代繁衍，这样才可以永远都捕到鸟。这是一个"善的循环"。它在吉田忠雄的心中打上了深深的烙印。在捕鸟、驯鸟的岁月里，吉田忠雄从鸟儿那里学到了热爱自由、坚强不屈，这为他日后艰苦创业，登上世界"拉链大王"宝座打下了坚实的思想基础。

25岁时，吉田忠雄创办了专门生产销售拉链的三S公司。50岁时，吉田忠雄建成了世界一流的拉链生产工厂，完成了年产拉链长度绕地球一周的宏愿。每逢有人追问他的成功之道时，吉田忠雄总是笑着说："人人为我，我为人人，不为别人利益着想，就不会有自己的繁荣。对赚来的钱，我也不会全部花完，我会将其中一部分作为员工的红利，一部分再投资于机器设备上。一句话，就是'善的循环'。"

吉田忠雄信奉"善的循环"哲学。他相信在互惠互利的情况下，才能真正做到双赢。公司支付的红利，他本人只占有16%，他的家族占24%，其余60%由公司员工分享，这是其他老板难以做到的。吉田忠雄要求公司职员把工资及津贴的10%存放在公司里，用来改善设备，提高利润；员工每年可以分到8个月以上的红利，但他要求员工用红利的2/3购买公司的股票，公司由此资金增加，员工薪水与资金提高更多，且员工可以拿到20%股息。由此便形成了公司与员工之间的"善的循环"。

"财散人聚"，这是经商的至高境界，也是聚拢人心的不二法门。在生活中，主动与人分享利益，赢得的是他人的信任，以及未来的市场。

蒙牛乳业集团的创始人牛根生有句很著名的话："财聚人散，财散人聚"。当你散一散自己的钱财时，大家会更愿意跟着你做事，即使当你不如意时，如果你之前一直坚持分享的心态，你的团队也不会离开你，因为他们相信，只要你有吃的，你就会分给他们一口。这些看似简单的道理，很多的人却不一定能做到。所以，我们一定要拥有分享的心态。只有学会了分享和分担，才能够获得大家的理解和支持，才能够增强自己的竞争力。

即使忍无可忍，也要从头再忍

俗话说："心字头上一把刀，一事当前忍为高。"忍不是忍气吞声，息事宁人，而是为了达到人生中的某种目的，避免感情用事的一种思想方法。忍，作为一种处世的学问，对我们来说，是绝对不可或缺的。纵观古今，凡是能成大事者一定是能屈能伸的大人物。

韩信年轻时很贫困，表面看来他一无所有，家乡的人都看不起他，有一天一群市井无赖拦住他，其中一个说："如果你有胆量不怕死，就把我杀了；如果你怕死，就从我裤裆下钻过去，否则决不善罢甘休！"威猛高大的韩信强忍心中怒火，毅然当着众人的面从那人胯下钻了过去。为此，家乡的人更看不起他了，认为他不但无能，而且是个懦夫。

其实韩信并不是个懦夫。他忍受那样大的屈辱，是因为他有远大的抱负，没有必要和那个无赖斗气，而毁了自己的前程。后来韩信率领千军万马，逐鹿中原，所向披靡，战功赫赫，成为一代名将。他与部下谈起这件事时说："难道我那时没有胆量杀他吗？只是杀了他，我的一生就完了，因为那时的忍耐，所以我才有今天的地位和成就。"

　　在常人看来，胯下之辱让人不堪忍受，是奇耻大辱，韩信忍受了，这是何等的胸襟和气魄！像这种忍，说起来容易，真要做到就太难了。古往今来有多少人能这样忍耐？

　　忍让并不是懦弱地躲避，而是有意识地忍耐，为的是有朝一日东山再起。忍耐不是一个抽象的概念，而是在具体环境里，能理智地区分什么重要，什么不重要；什么是原则问题，什么是非原则问题；什么必须现在解决，什么可以暂缓解决。忍耐能让人获得机会，争取更大的空间。因此，在某种意义上，忍耐必将是一种等待，为图大业等待时机成熟，忍之有道。这种忍，不是性格软弱、忍气吞声、含泪度日之举，而是高明人的一种谋略，是做人处世的上上之策。

　　曾国藩是"晚清四大名臣"之一，在他的逆境成功中，我们不难发现，屡战屡败而又屡败屡战的曾国藩之所以能够在绝境中求生路，在逆境中出转机，并因此度过人生中一个又一个低谷，成为清朝第一汉臣，最关键的一点就是他善于忍耐。曾国藩所处的时代，正是大清王朝风雨飘摇，各种危机矛盾和打击纷至沓来的时代。曾国藩没有慌乱，他以过人的胆略和高超的手腕，用尽了人间的"忍"功。他在做官期间，总结出了三句至理名言，"打脱牙和血吞"、"居官以忍耐为第一要义"、"养活一团春意思，撑起两根穷骨头"。也就是说，当人生遭受巨大打击时，人要能够默默无闻忍受，以等到希望的出现；做官一定要以忍耐来自我约束，以防止浮躁而铸成大错；做人做事要有骨气，任何时候都要耐得住寂寞，而不放弃希望。

　　三句至理名言，无论是从人生、官场还是生活的角度，都体现了曾国藩的"忍"术，这是关于忍的体验，也是他一生经验的总结。

忍耐不是弱者的音符，而是强者的形象。忍耐，是一个人对理想、目标追求的具体表现。当命运陷入无可掌控之时，就要心平气和地接纳这种弱势，坚强地忍耐弱者的地位，在守弱的基础上积累实力，一点点发愤图强，使自己慢慢脱离弱者的不利地位，适时出击，争取赢得新的成功机会。

一个人要想做大事业就得忍受常人所不能忍的耻辱。历史将赋予你重大的任务，你就要有宽阔的胸襟去容忍世间的不公，做好吃苦受辱的准备，那不仅是命运对你的考验，还是自己对自己的考验。

查尔斯是一家电视台的记者，能力十分突出且十分勤奋，长得也很精神。查尔斯白天采访财经新闻，晚上7点半播报黄金档新闻。在旁人看来，查尔斯的事业一帆风顺，晋升是迟早的事。但是实际上，由于查尔斯为人不够圆滑，因而得罪了新闻部主管——他的顶头上司，所以查尔斯处处受到上司的压制。

有一次开会，新闻主管突然决定不再让查尔斯播报黄金档新闻，而改播深夜11点的直播新闻。消息一出，所有的人都愣住了，查尔斯更是大吃一惊，他知道这是主管有意所为，很是愤怒，但是他极力保持镇定，欣然接受，没有做出任何过激的言行。

查尔斯虽然受到不公正待遇，但是他从不报怨，反而更加努力，每天一下班就跑去进修，然后在10点多时赶回公司，准备夜间新闻的播报工作。因为在深夜播出，所以这一档节目的收视率非常低，但是查尔斯丝毫没有因为夜间新闻不重要而在思想上有任何松懈，每一篇新闻稿他都认真对待。

查尔斯的努力很快有了成果，观众对这个节目好评不断，收视率直线上升。总经理也受到了惊动，亲自过问，他批评了新闻主管，并亲自下令让查尔斯重新播报黄金档新闻。由于查尔斯工作出色，不久，他就被评为"全国最受欢迎的电视记者"。

但是新闻主管仍对查尔斯耿耿于怀，一直在想办法给查尔斯难看。一天，新闻主管故意当众宣布说："虽然查尔斯是学财经的，但是正是因为如此，让他采访财经新闻容易产生弊端，以后还是让他采访其他新闻吧。"此时，查尔斯在财经采访上已经小有名气，新闻主管这么做，根本就是在当面侮辱他。查尔斯真想当面同他大吵一番，但是查尔斯心里清楚，只要自己予以回击，就正好中了新闻主管的计，正好让新闻主管有借口把自己赶走，于是查尔斯强忍怒气，默默承受了这一切。

当查尔斯正在跑其他新闻时，一天总经理打电话给新闻部主管，说："财政部长后天会来公司参加晚宴，请查尔斯过来作陪。"新闻主管支支吾吾地说："查尔斯现在不跑财经线了，还是换别人吧。"总经理也没和新闻主管多解释，直接说："查尔斯是专家，必须来参加。"新闻主管只好照办。从此，每当有重要的财经界人士来公司，查尔斯都会作陪，并顺便专访。

由于查尔斯经常采访大人物，所以时间一长，观众都认为查尔斯是大牌记者，只采访重要人物。并且每一个曾被查尔斯采访过的人，都以此为荣。而没有被查尔斯采访的人，都心生不满，向总经理报怨，为什么不是由查尔斯采访他们。于是总经理下令："以后财经线一律由查尔斯跑，其他人都不要碰。"很快，查尔斯被风光无限地"请"回了财经记者的位子。两年的时间很快过去了，新闻主管被调职，查尔斯当之无愧地成了新的新闻主管。

忍字头上一把刀，能忍人所不能忍，才能成人所不能成。查尔斯为这句话做了最好的诠释。

由此可见，懂得忍耐有利于成就事业，意气用事只会错失良机。面对别人的侮辱和伤害，我们没必要急急忙忙以一种对抗的方式来证明自己并非软弱可欺，因为有效的忍耐，会使我们获得更多的收益。

人的一生当中会遇到很多问题，如果你能忍第一个问题，你便学会了控制你的情绪和心志，以后碰到大的问题，也自然能忍到最好的时机再把问题解决，这样才能成就大事业。

忘掉失败，但要牢记失败中的教训

人，不仅要学会争取成功，还要学会面对失败，更要学会从失败中站起来走向成功。要知道，失败和成功一样，也是一笔财富，失败并不同于平庸，只要你不放弃，你就永远拥有成功的机会。

在美国，有个叫道密尔的企业家，专买濒临破产的企业，而这些企业在他手中，又都一个个起死回生了。有人问："你为什么总爱买一些失败的企业来经营？"道密尔回答："别人经营失败了，接过来就容易找到它失败的原因，只要把缺点改过来，自然会赚钱，这比自己从头干省力多了。"

道密尔的聪明之处就是他懂得失败的价值更高，别人不行的，他行，别人跨越不了的，他能跨越，从而把别人的失败变成自己的财富。

其实，在发展的过程中，很多人都会犯这样那样的错误，也就是说，大部分人都会在不同程度上遭遇失败。失败并不可怕，可怕的是失败了之后没有经过认真总结以致继续失败。一个渴望自己真正在人生事业方面有所发展的人，都会从失败中找出原因，不再犯同样的错误。

失败是迈向成功的阶梯，任何成功都包含着失败，每一次失败是通向成功必不可少的阶梯。那种经常被视为失败的事，实际上只不过是"暂时性的挫折"而已。这种失败常常是一种幸福，是生活赐予我们的最伟大的礼物，因为它能使我们振作起来，调整我们努力的方向，使我们向着更美好的方向前进。看起来像是失败的事，其实却是一只看不见的温柔之手，阻挡了我们的错误路线，并以伟大的智慧促使我们改变方向，让我们向着有利的方向前进。

其实，我们的人生就如同大海里的船舶，随时都可能经历风浪，没有不受伤的船，也没有不经历磨难的人生。面对挫折和失败时，我们不应一味地怨天尤人和自暴自弃，而应鼓起勇气，勇往直前。

没有失败就没有所谓的成功，能否成功关键是看我们对于失败的态度。失败可以把人吓倒，使人唉声叹气，退缩不前；也可使人精神振奋，经受磨炼，增长才干，增强意志。就看你如何对待它。只有能面对失败而毫无惧色的人，才能到达成功的顶峰。

在通向成功的道路上，任何一个人的发展之路，都不会是完全笔直的，都要走些弯路，都要为成功付出代价。成功者也会失败，但他们之所以是成功者，就在于他们失败了以后，能够从失败中总结出教训，并从失败中站起来，发奋上进，于是，成功就接踵而来。

今天所吃的亏，将在明日积攒成你的财富

吃亏，是一种胸怀，一种品质，一种风采。不懂得吃亏，就不能完美领悟人生；不懂得吃亏，就不会取得事业上的成功。

东汉时期，有个在朝官吏叫甄宇，时任太学博士。他为人忠厚，遇事谦让，人缘不错。有一年临近除夕，皇上赐给群臣每人一只外番进贡的活羊。

具体分配时，负责人犯了愁：因为这批羊有大有小，肥瘦不均，难以分发。大臣们纷纷献策：

有人主张把羊通通杀掉，肥瘦搭配，人均一份；

有人主张抓阄分羊，好孬全凭运气……

朝堂上像炸开了锅，大臣们七嘴八舌争论不休。这时，甄宇说话了："分只羊有这么费劲吗？我看大伙儿随便牵一只羊走算了。"说完，他率先牵了最瘦小的一只羊回家过年了。

众大臣纷纷效仿，羊很快被分发完毕，众人皆大欢喜。

此事传到了皇帝耳中，甄宇得了"瘦羊博士"美誉，称颂朝野。不久在群臣推举下，甄宇又被朝廷提拔为太学博士院院长。

俗话说："吃亏是福，吃小亏占大便宜。"事实上，如果你能够平心静

气地对待吃亏，表现出自己的度量，往往能够获得他人的青睐，获得你生活
所需要的人脉资源，从而获得人生的成功。

　　现实生活中，能够主动吃亏的人实在太少，这并不仅仅因为人性的弱
点让人很难拒绝摆在面前的诱惑；更是因为大多数人缺乏高瞻远瞩的战略眼
光，不能舍弃眼前小利而争取长远利益。

　　据说有个砂石老板，没有文化，也没有背景，但生意却出奇地好，
而且历经多年，长盛不衰。说起来他的秘诀也很简单，就是与每个合作
者分利的时候，他都只拿小头，把大头让给对方。

　　如此一来，凡是与他合作过一次的人，都愿意与他继续合作，而且
还会介绍一些朋友给他，从朋友再到朋友的朋友，也都成了他的客户。
人人都说他好，因为他只拿小头，但所有人的小头集中起来，就成了最
大的大头，其实他才是真正的赢家。

　　人都有趋利的本性，你吃点亏，让别人得利，就能最大限度调动别人的
积极性，使你的事业兴旺发达。强者之所以强，就是因为强者能吃亏。但吃
亏也有技巧，会吃亏的人，亏吃在明处，便宜占在暗处。

　　有一个年轻人大学刚毕业就进入出版社做编辑，他的文笔很好，但
更可贵的是他的工作态度。那时出版社正在进行一套丛书的编辑，每个
人都很忙，但老板并没有增加人手的打算，于是编辑部的部分人被派到
发行部、业务部帮忙，但整个编辑部只有那个年轻人接受老板的指派，
其他人去一两次就抗议了。他总说吃亏就是占便宜。事实上也看不出他
有什么便宜可占，因为他要帮忙包书、送书，像个苦力工一样。他真是
个可随意指挥的员工，后来他又去业务部，参与直销的工作。此外，连

取稿，跑印刷厂，邮寄……只要开口要求，他都乐意帮忙。"吃亏就是占便宜。"他总是这么说。

两年后，他自己成立了一家出版公司，做得很不错，原来他是在吃亏的时候，把一家出版社的编辑、发行、直销等工作都摸熟了。他真的是占了大便宜。

"吃亏就是占便宜。"我们都应该记住这句话，这是积累工作经验，提高自己做事能力，扩大人际关系网络的最好办法。如果样样都想占便宜，那最后一定会吃亏，而且还可能吃大亏。

这就是现实生活的得失之道：小处吃亏，大处受益；暂时吃亏，长远受益。如能将个人的得失置之度外，便可宽心自如地对待周遭的人与事，时时从大局着眼，从长远利益考虑问题——这就是智者的选择。生活中总有一些聪明的人，能从吃亏中学到智慧。

当才华配不上梦想时，唯有努力学习

生命不休，学习不止，尤其是信息革命时代，每一个欲成大事的人都应该意识到，学习将成为终身的需要。

时代不同，要求也不尽相同。过去一个人只要学会一技之长就可以终身享用，现在就不行了。今天还在应用的某项技术，明天可能就过时了。知识、技术日新月异，自己要想能够跟上时代发展的步伐，就要不断地学习。

我们只有不断地学习，才能适应新环境，胜任新工作。

学无止境。无论在何时何地，每一个现代人都要不断地学习。只有那些随时充实自己，为自己奠定雄厚基础的人才能在竞争激烈的环境生存下去。

学习的重要性不言而喻，歌德说过："人不是靠生来就拥有的一切来造就自己，而是靠从学习中所得到的一切来造就自己。"随着人类文明的发展，知识也需要不断地更新。只有不断学习，自己才能跟上社会的发展。

1978年5月，韦文军出生在广西一个农民家庭。16岁那年，他考上了南宁美术中专。1997年，刚刚毕业的韦文军就离开老家，只身一人来到深圳打拼。

由于自己的学历不高，再加上没有工作经验，韦文军初到深圳时举步维艰。后来，他去一家装修设计公司应聘，结果被老板直接赶了出去。韦文军的生活一下陷入了困境，他甚至连吃饭的钱都不够了。接下来的几天，韦文军又找到那家装修公司的老板，软磨硬泡地希望对方给自己一个工作机会。这位老板对他说："你想要留下来也可以，但我们这要求设计人员会操作电脑，你会吗？"韦文军摇摇头。这位老板又对他说："我看这样，你学会了电脑再来应聘吧。不然，即使我给了你工作，你也做不了。"

受到这样的打击，对于一般人来说，肯定会换家公司继续找工作。但韦文军就和我家公司"磕"上了。他对老板说："您看这样行吗，我在公司打打杂工，做些体力活儿，不要一分钱工钱，唯一的要求就是能够免费学习电脑。"老板见拗不过他，便对韦文军说："那你得答应我一个条件，每天除了打扫公司的室内卫生外，还得将卫生间的马桶冲洗干净。"

韦文军毫不犹豫地答应了。就这样，他留在了这家公司。

每天天不亮，韦文军就把800多平方米的办公室打扫得一尘不染，厕所的马桶也被刷洗得干干净净。完成这些工作后，韦文军就站在电脑前看着别人操作，并默默地记下操作步骤。

大家下班后，韦文军将众人白天留下的垃圾清理干净，匆匆吃上两口饭后，便回到公司学习电脑。每天他都练到半夜，电脑操作水平也越来越高。最后，他可以比任何员工都更熟练地操作电脑了。

这一切，老板都看在眼里。韦文军的努力得到了老板的认可，最终老板把他留在了公司，他成了一名正式员工，韦文军也陆续考出了设计师的相关资格证。时间一长，老板发现韦文军的3D效果图画得非常好，中标率是公司最高的。于是，老板便提拔韦文军做了公司的设计主管，并将一些大项目交给他完成。

1999年，公司接到了一个别墅的规划项目，全部设计费加起来有200多万人民币。这个项目主要由韦文军负责。他加班加点地工作，不到两个月就设计出了37张图，客户看后非常满意。老板自然也非常高兴，他提拔韦文军做了公司的艺术总监。

两年后，韦文军开始自己创业，成立了自己的设计公司。

韦文军之所以取得后来的成就是因为他意志坚定、善于学习。在这个"知识经济"时代，我们必须注重自己的学习能力，必须能够勤于学习，善于学习，并且终身学习，只有这样，我们才能在竞争激烈的社会中立于不败之地。

业精于勤，唯勤奋成就事业

著名哲学家罗素说："真正的幸福绝不会光顾那些精神麻木、四体不勤的人，幸福只在勤劳和汗水中。"勤奋是一所高贵的学校，所有想有所成就的人都必须进入其中，在那里他们可以学到有用的知识、独立的精神和坚韧不拔的品质。事实上，勤奋本身就是财富，假如你是一个勤劳、肯干而又刻苦的人，那么你会像蜜蜂一样，采的花越多，酿的蜜就越多，你享受到的甜美也就越多。

高尔基说过："天才就是勤奋。人的天赋就像火花，它既可以熄灭，也可以燃烧，而迫使它熊熊燃烧的办法只有一个，那就是勤奋。"爱迪生也说过："天才就是一分灵感加上九十九分汗水。"这些名言都在反复告诉我们这样一个永恒的真理：一个人能否取得成功，不是看他有多高的天赋，而是看他是否勤奋。

在现代社会，那些靠天分取得的成绩，同样可以通过勤奋而获得；而仅靠勤劳取得的成就，光靠天分是无法得到的。

人的禀赋确有差别，智力也分高低，但是，天资再高的人，如果后天不勤奋，也是不会有成就的。

成功的人不一定是最聪明的人，但一定是肯下苦功夫的勤奋人。他们不会因前进道路上的困难而退缩，反而他们会坚持不懈地朝着自己的目标努力，并不断地对自己提出更高的要求。

1997年春，微软刚刚成立不久，随着业务发展的需要，公司要招聘一名秘书。当时，42岁的米丽亚姆·卢宝前来应聘。她第一次见到比尔·盖茨是在她上班一个星期之后，当时，她几乎不敢相信自己的眼睛，微软的创始人竟然如此年轻。

微软的确与众不同，米丽亚姆发现她的老板工作极为努力、勤奋，每星期工作七天，几乎不休息。有时一连几天都不离开办公室。当她早晨来上班时，常常发现老板睡在办公室的地板上。

而且，最重要的是，在比尔·盖茨的感染下，公司里的每一位员工也都非常勤奋。到了晚上八九点钟，很多企业都已经下班了，而此时微软办公室里的人却依旧忙碌着。销售人员白天拜访客户，晚上要回来赶写工作报告，还有一些部门会在晚上开会、听总结等。

渐渐地，微软的工作氛围也感染了米丽亚姆，她也更加勤奋地工作。

戴夫·穆尔描述了微软典型的一天，他说："在微软情形是这样的，早上醒来，去上班，干活，觉得饿了，下去吃点早餐，接着干，干到觉得饿了，吃点午餐，一直工作，直到累得不行了，然后开车回家睡觉。"

微软公司无疑是新经济的翘楚，但微软人始终将勤奋作为工作的第一法则。正是这种勤奋的工作精神，才使微软公司上下齐心协力，创造了辉煌的微软帝国。

可见，勤奋足以使人们成就事业，它是所有成就伟大事业者的共同特点。世界上没有任何东西可以代替勤奋的意志，教育不能代替，多财的父母、多势的亲戚以及其他的一切，也都不能代替。唯有勤奋才能让你做出非凡事业来，也唯有勤奋才能成全你的人生和事业。

被誉为"日本保险推销之神"的原一平在69岁时的一次演讲会上，当有人问他推销的秘诀时，他当场脱掉鞋袜，将提问者请上讲台，说："请你摸摸我的脚板。"提问者摸了摸，十分惊讶地说："您脚底的老茧好厚呀！"原一平说："因为我走的路比别人多，跑得比别人勤。"

原来，原一平身材矮小、相貌平凡，对于推销员这个行业来说，原一平的先天条件实在太差了。这些不足之处影响了他在客户心中的形象，因此他起初的推销业绩很不理想。原一平后来想：既然我的先天条件并不比别人好，那就让勤奋来弥补它们吧。为了实现他争第一的梦想，原一平全力以赴地工作。早晨5点钟睁开眼后，立刻开始一天的活动：6点半往客户家中打电话确定访问时间，7点钟吃早饭，与妻子商谈工作，8点钟到公司去上班，9点钟出去推销，下午6点钟下班回家，晚上8点钟开始读书、反省，安排新方案，11点钟准时就寝。这就是他一天的生活，从早到晚一刻不闲地工作，把该做的事及时做完，正是因为勤奋，他才摘取了日本保险史上的销售之王的桂冠。

一个人要想在这个竞争激烈的时代脱颖而出，就必须付出比他人更多的汗水和努力，此外，还要具有一颗积极进取、奋发向上的心，否则只能由平凡变为平庸，最后成为一个毫无价值和没有出路的人。

勤奋是一种不能丢弃的美德和品质，无论从事何种工作，身居何位，都要牢记勤奋这一美德，勤奋地做人，勤奋地做事，勤奋地学习和积累，唯有勤奋者才能成就不平凡的事业。

第九章　不要和这个世界妥协，
我们还有值得奋斗的理由

勇往直前，不要失去进取之心

进取心是实现理想，获取成功的必备要素。有了它，你才能克服一切自卑、自弃；有了它，你才能坚持不懈，不断学习，以最快的速度完善自己；有了它，你才会不畏艰难险阻，创造奇迹；有了它，你才会开拓出金光灿烂的财富之路。

进取心是我们行为的推动力，我们通过进取心可以获取事业的成功。

井植岁男是日本三洋电机公司的创办人，他在1947年创立三洋电机公司时，公司只有20个人，从一间小厂房起步，到1993年，该公司已发展成为一家跨国经营的大企业。

井植岁男性格豪放，决断大胆，处事单纯明快，不拘小节。井植岁男从姐夫的公司走出来自己创立"三洋"，是其具有进取心的体现，经过几十年的艰苦经营，井植岁男把"三洋"发展成了世界级的大企业，也是其进取心结出的硕果。

而许多人却因为没有进取心导致自己与成功擦肩而过。

1955年，井植岁男曾试图鼓励其雇用的园艺师傅自己创业，但这位园艺师傅却因为缺乏进取心而失去了一个致富的机会。

有一天，井植岁男家的园艺师傅对他说："社长先生，我看您的事业越做越大，而我却像树上的蝉，一生都趴在树干上，太没出息了。您教我一点创业的秘诀吧？"

井植岁男点点头说："行，我看你比较适合园艺工作。这样吧，在我工厂旁有两万平方米空地，我们合作来种树苗吧！多少钱能买到1棵树苗呢？"园艺师傅回答说："50元。"

井植岁男又说："好！以一平方米种两棵树计算，扣除走道，1万平方米大约种2万棵，树苗的成本是不是100万元。3年后，1棵树可卖多少钱呢？"

"大约3000元。"

"100万元的树苗成本与肥料费由我支付，以后3年，你负责除草和施肥工作。3年后，我们就可以收入600多万元的利润。到时候我们每人一半。"

听到这里，园艺师傅却拒绝说："哇，我可不敢做那么大的生意！"

最后，他还是在井植岁男家中栽种树苗，按月领取工资，白白失去了致富良机。

为了做好事业，我们一定要有进取心，对未来要抱有良好的愿景，只要可能，都不妨尝试，这样才能更好地发展自己。

进取心是什么？进取心就是目标，就是理想，就是企图，就是赚钱的原动力。美国哈佛大学的毕业生有一个共同的特点，就是都有着自命不凡的心态和进取心。"我们是世界最优秀的人才！""我能成为世界上最大、最好的公司的CEO！"这种进取心造就了一批又一批政治家、科学家和工商管理精英。人是需要有进取心的，进取心是我们向前冲的原动力。

进取心是争取财富的原动力，动力越大，其行动就越有力，行动越有力，实现财富梦想的概率就越大。这些都是成正比的。要想获得财富，你就必须要让你自己的进取心变得非常强烈，只有拥有强烈的进取心，你才能获得成功。

奥格·曼狄诺是当今世界上最能激发起读者阅读热情和自学激情的作家。他出生于美国东部的一个平民家庭。在28岁以前，他生活很幸福。但是后来，他遭遇了人生的不幸，失去了一切宝贵的东西——家庭、房子和工作，几乎赤贫如洗。于是，他如盲人骑瞎马，开始到处流浪，寻找自己、寻找赖以度日的种种答案。在一次偶然的机会里，他认识了一位受人尊敬的神父，也许是由于他苍白的脸庞和忧郁的眼神，神父同他展开了交谈，并解答了他提出的许多困惑人生的问题。临走的时候，神父送给他十二本书，让他从中寻找做人的道理。

从此，奥格·曼狄诺找到了自己的生活热情和勇气。在以后的日子里，他卖过报纸、推销过产品、当过销售经理……在这条他所选择的道路上，充满了机遇，也满含着辛酸。不过，他已战胜了自己，因为他拥有了一种进取的力量，他认为一个人要想做成大事，绝不能缺少进取心，因为进取心能够驱动人不停地提高自己的能力。在这种力量的驱使下，终于，在35岁生日的那一天，他创办了自己的杂志社，从此步入了富足、健康、快乐的生活，并在44岁的时候出版了《世界上最伟大的推销员》。该书一经问世，不同国籍、不同阶层的读者都在书里发现了摆脱苦难的魔力，找到了照耀幸福的火炬，并因此改变了生活的轨迹。事后，有人问曼狄诺为何会走向成功？他斩钉截铁地回答说："因为我的身上有一股进取的力量，这股力量的来源就是我有一颗进取心。"

可见，进取心是一个人获得成功的最重要原因之一，是一个人不断成长、不断取得新成绩的直接动力。没有进取心，成功就少了支点。

俗话说："逆水行舟，不进则退。"拥有进取心的人能够不安于现状，不甘心落后，积极进取，最终打开成功之门。有人研究了美国最成功的500个人的生平。这些人的成功故事中都有一个不可或缺的元素，这就是强烈的进取心。这些人即使屡遭失败也仍旧十分努力。在他们看来，只有能克服不可思议的障碍及巨大的失望的人，才能获得巨大的成功。正如美国著名学者奥里森·马登所说："进取心激发了人们抗争命运的力量，它来自天堂，是完成崇高使命和创造伟大成就的动力，它激励着人们向自己的目标前进。进取心最终会成为一种伟大的激励力量，会使我们的人生更加崇高。"

对于一个人来说，没有什么比我们的进取心更重要的了。进取心，实际就是一种生活目标，一种人生理想。如果你现在没有成功，没有地位，没有财富，无关紧要，只要你有进取心，有把进取心贯彻到底的智慧、毅力和勤奋，那么你站在金字塔的塔顶的时候就指日可待了。

世人缺乏的是毅力，而非气力

毅力，是人的一种心理忍耐力，是一个人完成学习、工作、事业的持久力。当它与人的期望、目标结合起来后，它就会发挥巨大的作用。如果你要实现远大的理想，就必须增强你的毅力。没有毅力，理想就无法实现，没有理想，毅力就无从产生，这两者是相互依存的。在所有的成功者中，毅力起着决定性的作用；而对失败者来说，缺乏毅力是他们共同的弱点。

　　蒙提·罗伯茨在圣思多罗有座牧马场，他借用自己宽敞的住宅举办募款活动，以便为帮助青少年的计划筹备基金。

　　有一次活动，他在致辞中提到，他让杰克借用住宅是有原因的。这故事跟一个小男孩有关，他的父亲是位马术师，他从小就跟着父亲东奔西跑，一个马厩接着一个马厩，一个农场接着一个农场地去训练马匹。由于经常四处奔波，男孩的求学之路并不顺利。初中时，有一次老师叫全班同学写一篇作文，题目是"长大后的志愿"。

　　那晚他用心地写了7张纸，描述自己的伟大志愿，那就是他想拥有一座属于自己的牧马农场，并且他还仔细画了一张农场的设计图，上面标有马厩、跑道的位置，在这一大片农场中央，是一栋豪宅。

　　他花了大量的心血才把作文完成，第二天他交给了老师。两天后他拿回了作文，第一页上打了一个又红又大的F，旁边还写了一行字：下课后来见我。

　　他脑中充满幻想，下课后带着作文去找老师："为什么给我不及格？"老师回答道："你年纪轻轻，不要老做白日梦。你没钱，没家庭背景，什么都没有。盖座农场可是个花钱的大工程。你要花钱买地，花钱买纯种马匹，花钱照顾它们。你别太好高骛远了。"老师接着又说，"你如果肯重写一个比较靠谱的志愿，我会重打你的分数。"

　　这男孩回家后反复思量了好几次，然后征询父亲的意见。父亲只是告诉他："儿子，这是非常重要的决定，你必须拿定主意。"

　　再三考虑好几天后，他决定原稿交回，一个字都没做改动。他告诉老师："即使不及格，我也不愿放弃梦想。"

蒙提此时向众人表示："我提起这故事，是因为各位现在就坐在我的农场内，坐在我的豪华住宅中。那份初中时写的作文我至今还留着。"他顿了一下又说，"有意思的是，两年前的夏天，当初给我不及格的老师带了30个学生来我的农场露营一星期。离开之前，他对我说：'说来有些惭愧。你读初中时，我曾泼过你的冷水。这些年来，我也对不少学生说过相同的话。幸亏你有这个毅力坚持自己的梦想。'"

历史上但凡有成就的人，无不在事业上具有顽强的毅力，一步一个脚印，踏踏实实，向着既定的目标，义无反顾地迈进，从而成就美好的人生。著名音乐家贝多芬双耳失聪，可是他不但没有向命运低头，而且还用心灵谱写了一首又一首美妙的乐曲。伟大的"发明大王"爱迪生在一次实验中失聪，但他并没有因此而自暴自弃，而是凭着惊人的毅力创造了奇迹，为人类的发展做出了巨大的贡献。如果你想重振事业，单单靠着一时的热劲是不成的，你还得具备毅力方能成事，因为那是你成功的动力源头。具有毅力的人，他们必然会不达目标决不罢休。

成功需要顽强的毅力，具有顽强的毅力就等于向成功迈进了一大步。只要我们具有顽强的毅力，再高的山也能攀登；再汹涌的海也能渡越；再艰巨的任务也能完成。

居里夫人出生在波兰一个贫困家庭，家境的贫穷，造就了她吃苦耐劳、好学不倦的品质。她从小就具有一种面对困难不退缩，坚持到底不动摇的坚强意志。在巴黎求学时，居里夫人租了一间小小的阁楼，那里没有电灯，没有水，没有烤火的煤。每天晚上，她只能到图书馆去看书。在冬天的晚上，她把所有的衣服都穿上睡觉还被冻得瑟瑟发抖，她一连几个星期只吃面包。在这样的环境里，居里夫人坚持学习了4年，终于获得了物理学和数学硕士双学位。

1895年，居里夫人与法国物理学家比埃尔·居里结婚。从此，两人走上了同甘共苦，攀登科学高峰的道路。当时，他们的生活仍然十分贫困，为了寻找一种能透过不透明物体的射线，他们借了一个旧木棚充当实验室。实验室里既潮湿又黑暗，下雨天还会漏雨。为了节省开支，他们从很远的地方买来价格便宜的沥青矿渣做原料，靠着几件简陋的设备，他们开始了繁重的提炼工作。居里夫人每天穿着布满灰尘和油渍的工作服，把矿渣倒进大锅里烧，用一根一人高的木棍不停地搅拌，还要经常将20多千克重的容器搬来搬去……提炼工作经历了无数次的失败，但她没有被困难所吓倒。整整坚持了4年，终于从好几吨的矿渣里提炼出了0.1克镭的化合物——氯化镭，它具有极大的放射性。这一发现轰动了全世界。1903年，居里夫人和她的丈夫双双获得了诺贝尔奖。

正当居里夫人一家的工作、生活条件有所改善时，不幸的事发生了，1906年，比埃尔·居里死于一场车祸。居里夫人失去了亲爱的丈夫和最好的导师，她悲痛极了。但她没有消沉，反而化悲痛为力量，继续进行科学研究。1910年，居里夫人提炼出1克纯镭。她将这一克镭捐献给法国镭学研究院，用于治疗癌症病人。1911年，居里夫人再次获得诺贝尔奖。

居里夫人就是这样以顽强的毅力，克服了重重困难，坚持科学研究几十年，终于发现了放射性元素镭和钋，成为世界著名的科学家。

人生的道路不是一帆风顺的，任何目标的实现，都不能一蹴而就，需要人们执着地追求和坚韧不拔的毅力。

狄更斯曾经说过："顽强的毅力可以征服世界上任何一座高峰。"是的，只有那些勤奋刻苦，持之以恒，拥有毅力的人才会获得最后的成功。

在人生的道路上，总会出现许多的坎坷和不平，当我们遇到困难和挫折的时候，我们要用毅力和智慧去征服它，只有这样，才能顺利地到达成功的彼岸。

向着阳光奔跑，你就会看到希望

希望是什么？希望是引爆生命潜能的导火线，是激发生命激情的催化剂。只要活着，就要有希望，只要每天给自己一个希望，我们的人生就不会黯然失色。

亚历山大大帝给希腊世界和东方世界带来了文化的融合，开辟了一直影响到现在的丝绸之路。在他出发远征波斯之际，曾将他所有的财产分给了臣下。

为了征伐波斯，他必须买进种种军需品和粮食等物，为此他需要巨额的资金：但他把珍爱的财宝以及所有的土地全部都分给臣下了。

君臣之一的庞尔狄迦斯，深以为怪，便问亚历山大大帝："陛下把所有东西都分给了我们，那您带什么启程呢？"

对此，亚历山大回答说："我只剩一个财宝，那就是'希望'。"

庞尔狄迦斯听了这个回答以后说："那么请允许我们也来分享它吧！"于是他谢绝了分配给他的财产，朝中大臣也都纷纷仿效他的做法。

第九章　不要和这个世界妥协，我们还有值得奋斗的理由

在走向人生的征途中，最重要的既不是财产，也不是地位。最重要的是在自己胸中像火焰一般燃烧起的一念，即希望。因为那种毫不计较得失、为了巨大希望而活下去的人，必定会激发出巨大的激情，闪烁出洞察现实的睿智之光，与时俱增、终生怀有希望，这样的人才是具有最高信念的人，才会成为人生的胜利者。

任何时候人都要有希望，因为只有有了希望，生命才会有活力。人的一生中，往往会遇到很多的挫折与不幸，我们会有无助与失落的时候，我们也会有感觉到绝望的时候。此时，唯有重新燃起希望的火苗，让自己有足够的勇气与信念活下去，才会成就人生的辉煌。

保持希望的人生是有力的。失掉希望的人生，则会通向失败；希望是人生的力量，在心里一直抱有希望的人是幸福的。

世上没有绝望的处境，只有对处境绝望的人。只要我们心中存有希望，只要我们心中有一颗希望的种子，那么就一定会创造出奇迹。

人的一生，不如意的事十有八九。但是无论何时何地，也无论你遇到什么样的艰难困苦，都请你不要失去对生活的渴望和对美好事物的追求，同时你必须为之长期不懈地努力奋斗，这样人生的命运才会还报给你幸福的微笑。

人生不能没有希望，所有的人都生活在希望中，有希望的人生才能一路充满温暖的阳光。生活在无望中的人只能是人生的失败者。

鲁迅曾经说过："希望是附丽于存在的，有存在，便有希望，有希望，便是光明。"希望是激励我们前进的巨大的无形动力。只要我们满怀希望，我们就能走出困境，重新看到光明。时刻对未来怀有希望，并为之锲而不舍地奋斗，才是具有最高信念的人，才会成为人生的胜利者。

这一秒不放弃，下一秒就有希望

1948年，牛津大学举办了一个题为"成功秘诀"的讲座，邀请丘吉尔前来演讲。演讲当天，会场上人山人海，全世界各大新闻机构都到齐了。丘吉尔用手势止住大家雷动的掌声，说："我的成功秘诀有三个：第一是，决不放弃；第二是，决不、决不放弃；第三是，决不、决不、决不放弃！我的演讲结束了。"说完他就走下了讲台。会场上大家沉默了一分钟后，突然爆发出经久不息的掌声。

丘吉尔的演讲告诉我们：不管做什么事，只要放弃了，就没有成功的机会；不放弃，就会一直拥有成功的希望。即使你有99%想要成功的欲望，1%想要放弃的念头，也只能与成功擦肩而过。

如果你参观过开罗博物馆，你会看到众多从图坦卡蒙法老王墓挖出的宝藏。庞大建筑物的第二层楼放的大部分都是灿烂夺目的宝藏：黄金、珍贵的珠宝、饰品、大理石容器、战车、象牙与黄金棺木，巧夺天工的工艺让人叹为观止。但如果不是霍华德·卡特决定再多挖一天，这些不可思议的宝藏也许仍在地下不见天日。

1922年的冬天，卡特几乎要放弃寻找年轻法老王坟墓，他的赞助者即将取消赞助。卡特在自转中写道："这将是我们待在山谷中的最后一季，我们已经挖掘了整整六季，春去秋来毫无所获。我们一鼓作气工作了好几个月都没有发现任何宝藏，只有挖掘者才能体会这种彻底的绝望；我们几乎已经认定自己被打败了，正准备离开山谷到别的地方去碰碰运气。然而，要不是我们最后的一点希望，一点不甘心，我们也许永远也不会发现这远超出我们想象的宝藏。"

霍华德·卡特最后的不放弃成了全世界的头条新闻，他发现了近代唯一一个完整出土的法老王坟墓。

其实，成功者与失败者并没有多大的区别，只不过是失败者走了九十九步，而成功者走了一百步。在困难面前，永远不要轻言放弃。放弃必然导致彻底的失败。而永不放弃，我们总会找到解决的方法。

生活中，我们常常会遇到各种各样的挫折，但是，千万不要错误地把挫折视为失败，过早地放弃努力，只会导致前功尽弃、一事无成。要知道，我们做任何事都不可能是一帆风顺的。事物的发展始终是曲折的、螺旋式的向前推进，所以，我们不要被一点点挫折和困难所吓倒，不要轻易放弃。

1927年，美国阿肯色州的密西西比河大堤被洪水冲垮，一个9岁的黑人小男孩的家被冲毁，在洪水即将吞没他的那一时刻，母亲用力把他拉上了堤坡。

1932年，男孩8年级毕业了，因为阿肯色州的中学不招收黑人，小男孩只能到芝加哥读中学，家里没那么多钱。那时，母亲做出一个惊人的决定——让男孩复读一年。她则为50名工人洗衣、熨衣和做饭，为孩子攒钱上学。

1933年夏天，家里凑足了那笔血汗钱，母亲带着孩子坐上火车，奔向陌生的芝加哥。在芝加哥，母亲靠当用人谋生。男孩以优异的成绩中学毕业，后来又顺利读完大学，男孩也长大成了男人。1942年，他开始创办一份杂志，但却因缺少500美元的邮资，而不能给订户发函，一家信贷公司虽愿借贷，但有个条件，得有一笔财产做抵押。最后母亲将家里最值钱的一套家具做了抵押，母亲曾经分期付款好长时间才买了这套家具，这是她一生最爱的东西。

1943年，男人创办的杂志获得巨大成功。他终于能做自己梦想多年的事了：将母亲列入他的工资花名册，并告诉她算是退休工人，再也不用工作了。那天，母亲哭了，男人也哭了。

后来，在一段反常的日子里，男孩经营的一切仿佛坠入谷底，面对巨大的困难，男人已无力回天。他失落地告诉母亲："妈妈，看来这次我真要失败了。"

"儿子，"她说，"你努力试过吗？"

"试过。"

"非常努力吗？"

"是的。"

"很好。"母亲果断地结束了谈话，"既然你努力试过，只要再坚持不放弃，你就不会失败。"

果然，男孩渡过了难关，攀登上了事业的巅峰。这个男孩就是美国著名的《黑人文摘》杂志创始人、约翰森出版公司总裁、拥有三家无线电台的约翰·约翰森。

无论遇到什么困难，我们永远都不要轻易放弃！不放弃，是你越过峻岭沟壑的勇气，涉过激流险滩的毅力，拥有了它，你会走出今日的困惑，拥有了它，你便拥有了一个光辉灿烂的明天。

第十章
人在江湖飘，懂点规矩少挨刀

嫉妒不会为自己带来好处，
也不会减少别人的成就

有这样一个故事：

有个人幸运地遇见了上帝。上帝对他说：从现在起，我可以满足你任何一个愿望，但前提是你的邻居必须得到双份。那人听了喜不自禁，但仔细一想，心里很不平衡：要是我得了一份田产，那邻居就会得到两份田产；要是我得到一箱金子，那他就会得到两箱金子；更要命的是，要是我得到一个绝色美女，那个注定要打一辈子光棍的家伙就会同时拥有两个绝色的美女！那人想来想去，不知该提出什么愿望，因为他实在不甘心让邻居占了便宜。最后，他咬咬牙对上帝说："万能的主啊，请挖去我一只眼珠吧！"

故事中的主人公为了不让邻居过上比自己更好的生活，不惜伤害自己的行为，真是可怕至极。这种强烈的嫉妒心理，实际上是把自己置于一种心灵的地狱之中，折磨自己。但折磨来折磨去，却一无所得。

生活中，爱嫉妒的人常常会诋毁别人的成绩，心中充满唯恐被别人超越的苦恼，身心备受煎熬。嫉妒心强的人还会惹是生非，拆人家的台，给人家处处出难题，使绊子。嫉妒心会使人变得消沉，内心充满仇恨，如果一个人心中变得消沉或是充满仇恨，那么他距离成功就会越来越远。

　　战国时，张仪和陈轸都投奔到了秦惠王门下，两人都受到了重用。可不久张仪便产生了嫉妒心，因为他觉得陈轸有才干，比自己强很多，他担心时间一长，秦王会冷落自己，偏喜陈轸。于是他就找机会在秦王面前说陈轸的坏话，进谗言。

　　一天，张仪对秦惠王说："大王时常让陈轸来往于秦国和楚国之间，可现在楚国对秦国的关系态度并不比从前友好，反而对陈轸却特别好。可见，陈轸只是在全心全意为自己谋利，而不是诚心诚意为我们秦国做事。除此之外，我还说陈轸把秦国的机密泄露给了楚国。作为您的臣子，怎么可以这么做呢？我不愿意同这样的人一起共事。况且最近我又听说他打算离开秦国到楚国去。要是这样，大王倒不如杀掉他。"

　　听了张仪这番挑拨，秦王自然很恼怒，马上传令陈轸进见。一照面，秦王就对陈轸说："听说你想离开我，准备上哪儿去呢？告诉我，我好为你准备车辆呀！"

　　陈轸一听，摸不着头脑，只是两眼直盯着秦王。很快他便明白过来，这里面一定有原因，于是镇定地回答："我准备到楚国去。"

　　秦王心想果然如此，对张仪的话更加相信了。秦王缓缓地说："那张仪的话并不是虚构了。"

　　陈轸心里完全清楚了。原来是张仪在搞鬼。他没有马上正面回答秦王的话，而是定了定神，不慌不忙地解释说："这事不仅张仪知道，连过路的人都知道。从前，殷高宗的儿子孝己非常孝敬自己的继母，故而天下人都希望孝己能做自己的儿子；吴国的大夫伍子胥对吴王忠心耿耿，以至天下的君王都希望伍子胥做自己的臣子。一个女子，如果同乡的小伙子都争着要娶她为妻，那就说明她是个好女子，因为同乡的人都比较了解她。反过来如果我不忠于大王您，楚王又怎么会要我做他的臣子呢？我忠心一片，却被怀疑，我不去楚国又到哪呢？"

秦王听了，觉得有理，点头称是，不仅不再怀疑陈轸，反而更加重用他，给了他更丰厚的待遇，相反秦王对张仪冷淡了许多。

这是一个很深刻的教训，嫉妒者无不以害人开始，以害己而告终。

人生在世，一定要有一颗平静和睦的心，切不可心怀嫉妒。俗话说："己欲立而立人，己欲达而达人。"别人有所成就，我们不要心存嫉妒，应该平静地看待别人所取得的成功，这就是拥有幸福人生的秘诀。

嫉妒是万恶的根源，是美德的窃贼。越是嫉妒别人，就越容易消磨自己的斗志和锐气，进而越会陷入无止境的叹息，使自己的人生之舟搁浅在嫉贤妒能的荒滩上。

淡看恩怨情仇，聪明的人常常以德报怨

古人云："冤冤相报何时了，得饶人处且饶人。"这是一种宽容，一种博大的胸怀，一种不拘小节的潇洒，一种伟大的仁慈。自古至今，宽容被圣贤乃至平民百姓尊奉为做人的准则和信念，且已成为中华民族传统美德的一部分，被视为育人律己的一条光辉典则。

宽容是极高思想境界的升华，是一种博大的境界。表面上看，它只是一种放弃报复的决定，这种观点似乎有些消极，但真正的宽恕却是一种需要巨大精神力量支持的积极行为。

在日常生活中，难免会发生这样的事：亲密无间的朋友，无意或有意做了伤害你的事，你是宽容他，还是从此分手，或待机报复？有句话叫"以牙还牙"，分手或报复似乎更符合人的本能心理。但这样做了，怨会越结越深，仇会越积越多，真是冤冤相报了。如果你在切肤之痛后，采取别人难以想象的态度，宽容对方，表现出别人难以达到的襟怀，你的形象瞬时就会高大起来，你的宽宏大量、光明磊落使你的胸怀达到了一个新的境界，你的人格折射出了高尚的光彩。

宽容，作为一种美德受到了人们的推崇，作为一种人际交往的心理因素也越来越受人们重视和青睐。

这是一个发生在"二战"期间的故事：一支盟军部队在森林中与德军相遇激战，最后两名战士与部队分开，失去了联系。两个战友在森林中艰难跋涉，寻找大部队，他们互相鼓励、互相安慰，十多天过去了，他们仍然未能与部队联系上。他们之所以在战场上还能相互照顾，彼此不分，是因为他们来自同一个小镇。

由于长时间没有联系到大部队，他们已经两三天没吃到食物了。有一天，他们打到了一只鹿，依靠鹿肉他们又艰难地度过了几天。可是也许是战争的原因，动物都几乎被杀光了，他们从这以后再也没有看到任何动物。仅剩下的一点鹿肉背在年轻一点儿的战友身上，这一天，他们在森林的边上又遇到了敌人，经过再一次激战，他们巧妙地避开了敌人。就在自以为安全的时候，他们饥饿难忍，这时只听见一声枪响，走在前面的年轻战士中了一枪，幸亏是在肩膀，后面的战友惶恐地跑了过来，他害怕得语无伦次，抱着战友的身体泪流不止，赶忙把自己的衬衣撕开包扎战友的伤口。晚上，未受伤的战士一直在叨念着母亲，两眼直勾勾的，他们都以为他们的生命即将结束。虽然饥饿，身边的鹿肉谁也没有动。天知道，他们怎么度过了那一夜，第二天，部队救了他们。

　　一晃，事情过去了30多年，那位受伤的战士说："我知道当年谁朝我开的那一枪，他就是我的朋友，他去年去世了。在他抱住我的时候，我碰到了他发热的枪管，我怎么也不明白，但当晚我就宽恕了他，我知道他想独吞我身上带的鹿肉活下来，但我也知道他活下来是为了他的母亲。此后的30年，我装作根本不知道此事，也从不提及。战争太残酷了，他的母亲还是没能等到他回来，我和他一起祭奠了老人家。他跪下来说，请我原谅，我没让他说下去，我们又做了二十几年的朋友，我没理由不宽恕他。"

　　宽容是快乐的源泉。在生活中，有很多烦恼和怨恨都源自于缺少了宽容，所以我们才会感觉不快乐。古希腊一位哲人说过："学会宽容，世界会变得更为广阔；忘却计较，人生才能永远快乐。"看来，只有度量大的人，才可以有稳定的、积极的、健康的情绪，而只有这样的情绪才可以创造出一个真正快乐的人。

　　1754年，华盛顿率部下驻防亚历山大，为弗吉尼亚州的议会选举保驾护航。有一个名叫威廉·佩恩的人反对华盛顿所支持的候选人。

　　一次在公开场合，华盛顿与佩恩就选举问题展开了激烈争论，并说了一些冒犯佩恩的话。佩恩火冒三丈，并一拳将华盛顿打倒在地。当华盛顿的部下跑上来要教训佩恩时，华盛顿急忙阻止了他们，并劝说他们离开那里。

第二天早上，华盛顿就托人带给佩恩一张便条，约他到一家小酒馆见面。

佩恩以为必有一场决斗，于是做好准备后赶到酒馆。令他惊讶的是，等候他的不是手枪而是美酒。

华盛顿站起身，伸出手迎接他。华盛顿说："佩恩先生，昨天确实是我不对，我不可以那样说，不过你已经采取行动挽回了面子。人非圣贤，孰能无过？如果你认为事情到此可以解决的话，请握住我的手，让我们交个朋友。"

从此以后，佩恩成了华盛顿的一个狂热支持者。

华盛顿用自己的包容胸襟为自己赢得了一个可以信赖的朋友，更获得了人心。广纳百川万事通。拥有一份包容之心，你的人生道路便不会难走。

宽容是为了那些曾经侵犯我们的人着想而做出的，它的最高境界是心灵的净化和升华，它使我们从中看到了非常强大的力量。所以说，一个人能够以宽容的胸怀对待伤害自己的人，不但会化解和避免很多无谓的矛盾，而且还会产生一种温暖的自我完美感，可以消融自己的痛苦、烦恼，帮助我们恢复友谊、爱情和事业。

放下猜忌，才能赢得长久的友谊

所谓猜疑，就是无中生有地起疑心。它是人际关系的文化腐蚀剂，它可以使所有幸福的东西毁于一旦。如果在与人交往时总是猜疑别人，那么彼此的关系就难以继续维持。

培根曾说过："猜疑之心犹如蝙蝠，它总是在黄昏中起飞。这种心情是迷惑人的，又是乱人心智的。它能使你迷惘、混淆敌友，从而破坏你的事业。"自古以来不知有多少人因为猜疑疏远了朋友，中断了友谊，甚至毁掉了事业。

范增是项羽的得力谋士，许多次，刘邦的计谋都被他识破。刘邦要打败项羽，首先想到的就是除掉范增，在陈平的协助下，刘邦导演了一场反间计。当楚汉两军在荥阳相持不下时，项羽为了打败刘邦，便借议和为名，派遣使者入汉，顺便探察汉军的虚实。陈平听说楚国使者要来，正中下怀，便和刘邦布好圈套，专等楚国使者上钩。

楚国使者进入荥阳城后，陈平将他带入会馆，留他午宴。两人静坐片刻，一班仆役将美酒佳肴摆好。陈平问道："范亚父（范增）可好？是否带有亚父手书？"楚国使者一愣，突然明白了是怎么回事，正色道："我是受楚王之命，前来议和的，并非受亚父所派遣。"

陈平听了，故意装作十分惊慌的样子，立即掩饰说："刚才说的是戏言，原来是项王使臣。"说完，起身外出，楚国使者正想用餐，不料一班仆役进来，将满案的美食全部抬出，换上了一桌粗食淡饭，楚国使者见了，不由怒气上冲，当即拍案而起，不辞而别。

回到楚营后，使者立即去见项羽，将自己的所见所闻添油加醋地告诉了项羽，并特别提醒项王，范增私通汉王，要时刻注意提防。

其实，陈平的反间计并不高明，如果稍微考虑一下，就不难找出其中的破绽，只是项羽寡断多疑，加之性格刚愎自用，自然也就不会想到这些。

项羽听后，愤恨地说道："前日我已听到关于范增的传闻，今日看来，他果然私通刘邦。"说完当即就想派人将范增拿来问罪，还是左右替范增劝解，项羽这才暂时忍住，但对范增已不再信任。

范增一直对项羽忠心耿耿，他心无二用，对此事一无所知，一心协助项羽打败刘邦。他见项羽为了议和，又放松了攻城，便找到项羽，劝他加紧攻城。项羽不禁怒道："你叫我迅速攻破荥阳，恐怕荥阳未下，我的头颅就要搬家了！"范增见项羽无端发怒，一时摸不着头脑，但他知道项羽生性多疑且刚愎自用，不知又听到了什么流言，对自己产生了戒心。

范增想起自己对项羽忠心耿耿，一心助楚灭汉，但项羽不仅不听自己的忠言，反而怀疑自己，十分伤心。他再也耐不住了，便向项羽说道："现在天下事已定，望大王好自为之。臣已年老体迈，望大王赐臣骸骨，归葬故土。"说完，转身离去。项羽也不加挽留，任他自去。

项羽之所以失去了一个得力的谋士，就是吃了猜疑的亏，猜疑实在是害己又殃人。对成功路上艰难跋涉的追求者来说，猜疑是一个随时可能吞没整个宏伟事业的陷阱。

猜疑是人性的弱点之一，历来是害人害己的祸根，是卑鄙灵魂的伙伴。一个人一旦掉进猜疑的陷阱，必定处处神经过敏，事事捕风捉影，对他人失去信任，对自己也同样心生疑窦，损害正常的人际关系。

有了猜疑之心，对待朋友、看待事实，就不能从客观实际出发，进行合乎逻辑的判断、推理，而是凭借一点表面现象，主观臆断，随意夸大，进而扭曲事实，得出一个不切实际的结论，或者先入为主，先设框框，然后察言观色，甚至无中生有，把幻觉当真，把一些毫无关系的现象也当作事实材料，生拉硬拽来当作证据。

大学毕业后，李叶被一家知名外企录用，他欣喜不已，暗下决心，一定要干出一番成绩。他十分注意自己的言谈举止，唯恐稍不留意影响到领导和同事对自己的看法。一次，他完成了一张设计图，高兴之余，情不自禁脱口而出："真是太棒了！"邻桌的同事闻声抬头瞄了他一眼，他马上紧张起来，心想："糟糕！同事一定觉得我太得意忘形了。"又一次，听到部门主管与人谈话中提到"新员工"三个字，并表情严肃，他的心一下缩紧了，他猜想一定是说自己什么不好的事情。上班路上，遇到一位年长的同事，对方随口一句："年轻人，走路都是昂首挺胸啊！"他马上将头垂了下来。"坏了！这分明是在批评我盛气凌人，不尊重老同事。"他心想。此后，每当见到别人脸色不好或两三个人低声交谈时，他都担心是不是在针对自己，过分猜疑让他身心疲惫，苦恼万分。

李叶之所以会苦恼，就因为患了"猜疑"这一不良心理疾病。从心理学上讲，猜疑是由不信任而产生的一种怀疑心理，十分有害。猜疑是一个可怕的心理误区，因为猜疑会破坏人与人之间最宝贵的东西——信任。猜疑会引起对方的反感和抵触，这就暗藏着彼此关系破裂的危险。它像一片阴暗的沼泽地，使人越陷越深，甚至失去理智。猜疑会增加思想压力，打破心理平衡，使人陷入惴惴不安之中，天长日久可以导致心理崩溃。猜疑，不但是对对方的不尊重，也是对自己缺乏信心的表现。

猜疑是心灵闭锁者人为设置的心理屏障。只有敞开心扉，求得彼此之间的了解沟通、增加相互信任、消除隔阂、消除误会，才能获得最大限度的理解。因此，在生活和工作中，我们要减少猜疑，学会信任别人。少一份猜疑，多一份信任，成功的道路就会在自己的脚下。

你可以不识字，但不能不识人

"画龙画虎难画骨，知人知面不知心。"善于识人是一种极高的智慧。古人云："夫圣贤之所美，莫美乎聪明；聪明之所贵，莫贵乎知人。"

人世间有许多假象，人身上也有许多似是而非的东西，看似优点，实则致命之缺点。识人不要被假象所迷惑，要善于察言观色，透过现象看本质，巧识似是而非的人。

1. 识别华而不实的人

华而不实者，口齿伶俐，能说会道，口若悬河，滔滔不绝，刚一接触，很容易给人留下良好印象，并当作一个知识丰富、表达力强、善交往、能拓展业务的人看待。华而不实的人，善于说谈，谈古论今头头是道，而且能将许多时髦理论挂在嘴上，迷惑许多辨别力差、知识不丰富的人。

2. 识别貌似创新者的人

有一些人，抱着满脑子的幻想，以一种不循规蹈矩、敢想敢干的精神步入社会。这些人多少有一点才干，虽然有闯劲，但有过于自负、好大喜功、急于求成的缺点。如果有这些特点，就是貌似创新者。这样的人自以为天下自己最能干，只有自己是正确的，别人都是错误的。通常，他们异想天开、一意孤行。

3. 识别貌似专家的人

不懂装懂的人，生活中着实不少，有人为爱面子或为了迎合讨好某人或为了职位，不懂装懂。有些人由于研究对象不同，尽管发表了许多文章，出版了不少专著，学术成果显著，但未必就是专家。只要注意看他们所研究的问题和他们的主业是否相符，是否能够做到理论联系实际，解决实际问题就能辨别出他们的真伪。有些人，"盛名之下，其实难副"。凡是一点一滴累积起来名气的专家，才比较可靠，而对突然冒出来的名人，则需要进一步辨明。

总之，在人与人的交往中，我们要不断提高自己识人的本领，练就识人的慧眼，迅速准确地透视出每个人的素质特点，而不被各种表象、假象所迷惑。

别人的隐私，要么拒之门外，要么烂在肚里

每个人都是独立的个体，他们有自己的思想和见解，也有权保留自己的秘密和隐私，尊重别人的隐私是对人最起码的尊重，也是体现了我们的道德和修养。

所谓个人隐私，是指一个人出于个人尊严或其他某些方面的考虑，而不愿为别人所知道的个人事宜。谁都不愿意把自己的错处或隐私在公众面前曝光，一旦被曝光，我们就会感到难堪或恼怒。

有一位大学男生自小有遗尿症，久治不愈，二十岁了还这样，内心十分苦恼。室友也都知道他有这个毛病，大家都很同情和理解他，从来没有人向室友之外的其他人说过。有一次，一位爱寻开心的室友，不知从哪儿来的邪念，当着同宿舍同学的面突然冒出一句："你们说这小子累不累，天天晚上绘地图，早上晒褥子，图个啥呀？你就不能憋着点？"

大家一听，忍不住起哄地大笑起来。那个患遗尿症的学生听了，脸色一下变得煞白，撒腿就跑了。

这个寻开心的同学把室友的缺点和隐私当作笑料说了出来，使这名学生羞愧难当，当天就没有回来，害得大家找了半夜，才在湖边找到他，原来他差点想不开要投湖自杀。

再回宿舍时他也总低着头，不敢看大伙，也不敢主动和大伙说话。那个开玩笑的同学也自觉失言，悔不当初。

每个人都有自己的秘密，都有一些压在心里不愿为人知的事情。在与人闲聊调侃中，哪怕感情再好，也不要去揭别人的短，把别人的隐私公布于众，更不能拿来当作笑料。不分场合、对象、环境毫无选择、毫无顾忌地说别人的隐私或追问别人的隐私，都是很不理智的行为，同时也会让别人很反感。

个人隐私是个人感的重要体现，没有个人感就没有个人隐私，没有个人隐私也就无所谓个人了。隐私之所以重要，是因为它接纳了每个人私生活的合法性和独立性。个人隐私如同我们每个人的"内衣"，其中包含的绝大部分秘密属于生活中不可言说的部分，它必须保密。所以它不能与人随意分享。在人际交往中，无论是同性或者是异性间，都应尊重他人，保护他人的隐私，不能强迫别人暴露。尊重、真诚、宽容、信任是人际交往中非常重要的原则。所以，如果你想拥有良好的人际关系，你就要多给别人一些空间，克制住自己想知道的欲望，不要过于关注别人的隐私。

然而，在与人交往的过程中，有些人总是克制不住自己的好奇心，而去问别人有关个人隐私的一些问题。这样做，不仅会让自己"碰钉子"，还会给双方的交谈蒙上一层尴尬的气氛。

王丽是某商场服装柜台的售货员，平时除了向顾客推销衣服之外，她最喜欢的事情就是打听别人的隐私。

有一次，隔壁柜台的小孙无意间向王丽透露了对面卖鞋柜台的娜娜是个未婚妈妈，而且孩子的爸爸不知道到哪里去了。从此，王丽有事没事就跑到娜娜那里去聊天。

刚开始，娜娜对王丽的关心还挺感谢的，毕竟关心自己的人不多。渐渐地，娜娜发现王丽越问越多，不仅问她是怎么跟孩子的爸爸认识的，还问她为什么孩子的爸爸不见了，究竟是什么原因。娜娜认为这是非常隐私的事情，就没有跟王丽说。王丽问了几次都无果之后，心生不满，就把娜娜的事情告诉了其他几个人。

娜娜怕自己的事情传得沸沸扬扬，赶紧把王丽叫过来，让她不要再多说。王丽对娜娜说："其实我也是关心你，不让我说也行，那你告诉我孩子的爸爸究竟为什么抛弃你们娘俩？"无奈的娜娜只能吞吞吐吐地说出了一些内情，还别说，王丽还真的没有再出去宣扬娜娜的事情。但没过多久，王丽又开始问："那孩子的爸爸现在在干什么？你们还有联络吗？"娜娜见王丽越问越多，索性就不理她了，岂料王丽把这件事情弄得沸沸扬扬。

气愤不已的娜娜在后悔之余，只能辞职离开这个是非之地。

其实，任何人都有其个人的隐私，都有其不想告人的秘密，所以在与人谈话时如果发现对方不想透露哪些话题的话，就不要再三追问，以免引起别人的反感。

不论多么亲密的人际关系，都应彼此保留一块心理空间。人们总以为亲密的人际关系似乎不应当有什么隐私可言。其实越是亲密的人际关系越是要尊重隐私。这种尊重表现为不随便打听、追问他人的内心秘密，也不随便向别人吐露自己的隐私。

世上没人有义务对你好，别人帮你要感恩

"感恩"是一种处世哲学，是生活中的大智慧。学会感恩，是为了擦亮蒙尘的心灵而不致麻木，学会感恩，是为了将别人无以为报的点滴付出永铭于心。

感恩不仅仅是为了报恩，因为有些恩泽是我们无法回报的，有些恩情更不是等量回报就能一笔还清的，唯有用纯真的心灵去感动去铭刻去永记，才能真正对得起给你恩惠的人。在生活中，如果我们每个人都不忘感恩，人与人之间的关系就会变得更加和谐，更加亲切。我们自身也会因为这种感恩心理的存在而变得更加愉快和健康。感恩一切，人的内心才会时刻充满温暖，活在感恩中，人才会幸福快乐。

有一个名叫詹姆斯的穷苦学生，为了付学费，他挨家挨户地推销商品。中午的时候，他觉得肚子很饿，但身上却仅有几块钱。于是，他便下定决心，到下一家时，向人家要餐饭吃。然而当一位年轻貌美的女孩子打开门时，他却失去了勇气。他没敢讨饭，只请求给一杯水喝。女孩看到他饥饿的样子，于是给他端出一大杯鲜奶来。詹姆斯把牛奶喝光后，说："应付多少钱？"而女孩却说："不用钱。母亲告诉我们，不要为要求回报而做善事。"于是他道谢后，离开了。此时，詹姆斯不但觉得自己的身体强壮了不少，而且自信心也增强了起来。

数年后，那个年轻女孩病情危急，家人将她送进了医院，正当医生们对女孩的病情束手无策时，主治医师詹姆斯来到了病房。他一眼就认出了她，顿时他的眼中充满了奇特的光辉。他立刻回到诊断室，下定决心要尽最大的努力来挽救她的性命。

经过一个多月的诊治，女孩终于起死回生，战胜了病魔。当护士将出院的账单送到詹姆斯医生手中签字时，他看了账单一眼，然后在账单边缘上写了几个字。账单转送到了女孩的病房里，女孩不敢打开账单，因为她知道，她一辈子都不可能还清这笔医疗费。最后她还是打开看了，医疗费的确是一个天文数字。但在账单边缘上却写着这样一句话："一杯鲜奶足以付清全部的医疗费！"签署人：詹姆斯医生。女孩眼中泛滥着泪水，她心中高兴地祈祷着："上帝啊！感谢您，感谢您的慈爱，经由众人的心和手，不断地在传播着。"

感恩是一种对恩惠心存感激的表示，是每一位不忘他人恩情的人萦绕心间的情感。如果在我们的心中培植一种感恩的思想，则可以沉淀许多的浮躁、不安，消融许多的不满与不幸。只有心怀感恩，我们才会生活得更加美好。

小宋是一家电脑公司的编程员，一次在工作中遇到一个难题，他的同事主动过来帮助他，同事一句提醒的话使他茅塞顿开，很快就解决了难题。小宋对同事表示了感谢，并请这位同事喝酒。小宋说："我非常感谢你在编那个计算机程序上给我的帮助……"

从此，他们的关系变得更近了，小宋也因此在工作上获得了很大的提高。

小宋很有感触地说："是一种感恩的心态改变了我的人生。我对周围的点滴关怀和帮助都怀抱强烈的感恩之情，我竭力要回报他们。这使我不仅工作得更加愉快，还获得了更多帮助，工作更出色，我很快获得了公司加薪升职的机会。"

受人之惠，当面感激乃常情。任何人都没有无缘无故享受关爱的权利，因为在这个世界上，谁都没有主动对别人好的义务，所以，当别人对你好的时候，你要及时表示感谢。

学会了感恩，我们才会善待自己，更好地生活；学会了感恩，我们才会懂得宽容，不再抱怨，不再计较；学会了感恩，我们才能以一种更积极的态度去回报我们身边的人；学会了感恩，我们才会抱着一颗感恩之心，去帮助那些需要帮助的人；学会了感恩，我们才会摒弃那些阴暗自私的欲望，使心灵变得澄清明净……

控制情绪，穿上理智的外衣

我们每个人都生活在情绪的海洋中。情绪这东西十分微妙，难以言传，它看不见，摸不着，对我们的影响却往往超乎想象。

情绪是指人们对客观事物所持态度产生的内心体验，在面对一些烦琐的事情时，人都容易产生焦躁不安，或者悲观，或者焦虑，或者沮丧，或者愤怒……这些都是情绪的一种表现。

　　由此可见，能否控制自己的情绪是一个人心理素质好坏的体现。有效地管理和调控自己的情绪，就能够改变自己的处境。

　　人的感情很复杂，且不容易控制，很多时候，人们常常由于感情的冲动做出一些不理智的事情，结果后悔莫及。但是，一个真正有理智的人，无论处理什么事情都不会感情用事，相反，他会用理性支配自己的行为。因此，我们要提高自己的理智，用理性来控制感性，把握感情的流向。

　　在拿破仑·希尔事业生涯的初期，他就曾受到个人情绪的困扰。有一次，拿破仑·希尔和办公室大楼的管理员发生了一场误会。这场误会导致了他们两人之间相互憎恨，甚至演变成了激烈的敌对状态。这位管理人员为了显示他对拿破仑·希尔一个人在办公室工作的不满，就把大楼的电灯全部关掉。这种情形已连续发生了几次，一天，拿破仑·希尔在办公室准备一篇预备在第二天晚上用的演讲稿，当他刚刚在书桌前坐好时，电灯熄灭了。

　　拿破仑·希尔立刻跳起来，奔向大楼地下室，找到了那位管理员并破口大骂。他以无比刺耳的词痛骂管理员，直到他再也找不出更多的骂人的词句，他只好放慢了速度。这时候，管理员直起身子，转过头来，脸上露出开朗的微笑，并以柔和的声调说道："你今天早上有点儿激动，不是吗？"管理员的话似一把锐利的剑，一下子刺进了拿破仑·希尔的身体。拿破仑·希尔的良心受到了谴责。待他控制了愤怒的情绪后，他平静了下来，他知道，他不仅被打败了，而且更糟糕的是，他是主动的，又是错误的一方，这一切让他感到羞愧。于是，拿破仑·希尔歉意地说："对不起！我为我的行为道歉——如果你愿意接受的话。"

管理员脸上露出微笑，他说："凭着上帝的爱心，你用不着向我道歉。除了这四堵墙壁以及你和我之外，并没有人听见你刚才说的话。我不会把它传出去的。我也知道你也不会说出去的。因此我们不如就把此事忘了吧？"

拿破仑·希尔向他走过去，抓住他的手，使劲握了握。看着管理员的眼睛，拿破仑·希尔羞愧地低下了头。在回办公室的途中，拿破仑·希尔感到心情十分愉快，因为他终于鼓起勇气，纠正了自己做错的事。

之后，拿破仑·希尔下定决心，以后绝不再失去自制。因为当一个人不能控制自己的情绪时，随便一个人——不管是一名目不识丁的管理员还是一名有教养的绅士——都能轻易地将自己打败。

生活中，扰人心情的事情时有发生，它们是影响我们情绪的罪魁祸首。我们要看清自己的弱点，不要受到情绪的影响，用意志来控制自己，从容应付突发事件。

控制自己的情绪，对于每个人而言都是相当重要的，它是我们成功的前提，更是我们身心健康的保证。做自己情绪的主人，不仅会让你重新获得主导权，而且会使你发现，掌控自己的情绪以后，所有的难题都能够被轻松解决。

闭上抱怨的嘴，活在没有抱怨的世界里

我们在日常生活中，几乎随时都能听到各式各样的抱怨：抱怨工作乏味，抱怨公司的老板苛刻，抱怨工作时间过长，抱怨薪水太低，抱怨分配不公平、承诺的提成不兑现，抱怨公司管理制度过严……诸如此类的抱怨是不少人的生活写照，他们整天处在消极的生活态度中，一种不被重视的不公平感使他们的心中充满了不满、抱怨甚至愤怒。如果一个人总是抱怨自己的命运，把自己的不幸归咎于他人，这样就只会影响到自己的工作和生活。

杰克原本是一个很有前途的心理医生，刚刚进入这一行业的时候，他像其他人一样充满了雄心壮志，但是在这个岗位上工作了两年后，杰克开始变得愤世嫉俗，他甚至比前来咨询的病人更加满怀负面的情绪。他觉得老板给他的薪水过低，觉得老板不重用他，并且自己提交的升职报告也一次都没有回复过。

而真实的情况是，老板决定在下半年的集体会议上宣布提升杰克为主治医生。然而杰克并没有意会到上司对他的期望，不仅不兢兢业业地做事，还总是抱怨说："再做下去一点意义也没有了。从早到晚都是面对病人的抱怨，脑袋都要爆炸了，恨不得找个地方躲起来。患者要治疗到何种地步竟然是一群外行在制定标准，他们对治疗一窍不通，但我们却不得不遵守他们的标准。"

天下没有不透风的墙，杰克的这些牢骚很快便传到了老板的耳朵里。老板对杰克的表现感到非常失望，一直以来老板就对杰克抱有很高的期望——事实上，杰克的情况老板不是没有看到，但是老板认为，杰克过于年轻，需要接受基层业务的扎实训练。但是，当老板听到杰克的抱怨和牢骚之后，老板便打消了尽快提拔杰克的想法。当杰克再次得知没有晋升的消息时，杰克彻底地变成了一个典型的工作倦怠者，最终他不得不离开这个职位。

生活本来就不是事事如意，生活本来就不会十全十美，相反，起起落落，悲欢离合才是家常便饭。这是现实，你必须承认，所以你不要抱怨。能够忍受不公平的待遇，并且以平常的心态对待，这是人生的一个境界，也是我们努力追求的方向。坦然面对生活，用微笑来迎接一切困难。一遇到波折、困难或不顺心的事，就抱怨他人，感叹自己怀才不遇，悔恨明珠暗投，对生活失去兴趣，对美好的东西失去追求的人，不仅不会有所成就，反而会被生活抛弃。

常常抱怨的人，其实是不热爱生活的人，或者说是不理解生活的人。生活是需要你理解的。如果你不理解生活，你就会常常有愤愤不平的感觉，你就会有怀才不遇的感觉，你就会有牢骚满腹的感觉，你就会有运气不佳的感觉。

传说，有个寺院的住持，给寺院里的和尚立下了一个特别的规矩：每到年底，寺里的和尚都要面对住持说两个字。第一年年底，住持问新和尚心里最想说什么，新和尚说："床硬。"第二年年底，住持又问新和尚心里最想说什么，新和尚说："食劣。"第三年年底，新和尚没等住持提问，就说："告辞。"住持望着新和尚的背影自言自语地说：

"心中有魔，难成正果，可惜！可惜！"

住持说的"魔"，就是新和尚心里没完没了的抱怨。这个新和尚只考虑自己要什么，却从来没有想过别人给过他什么。像新和尚这样的人在现实生活中很多，他们这也看不惯，那也不如意，怨气冲天，牢骚满腹，总觉得别人欠他们的，社会欠他们的，从来感觉不到别人和社会对他们的生活所做的一切。他们总是说生活过得很累，因为他们只看到了自己的付出，而没有看到自己的所得，于是抱怨变成了最方便的出气方式。但抱怨很多时候不但解决不了问题，还会使问题恶化。

有一句话说得好，如果你想抱怨，生活中一切都会成为你抱怨的对象；如果你不抱怨，生活中的一切都不会让你抱怨。所以，请不要抱怨，抱怨只会令你更疲惫。

命运不会因为抱怨而改变，与其抱怨，不如改变心态，努力工作和生活。只有不抱怨生活的人，才是生活的主人。只有不畏惧生活中的不平和磨难，在生活中历练自己，促使自己成长和成熟的人，才能在广阔的天空翱翔，放飞梦想，实现人生价值。

第十一章
职场即道场，工作即修行

对工作负责就是对自己的人生负责

　　责任是一种与生俱来的使命，它伴随着每一个生命的始终。一个人从来到人世间一直到离开这个世界，每时每刻都要履行自己的责任。一个对别人负责的人，才是对自己真正负责的人。

　　一名公交车司机行车途中突发心脏病，在生命的最后一分钟里，做了三件事：

　　第一件事是把车缓缓地停在马路边，并用生命的最后力气拉下了手动刹车闸；

　　第二件事是把车门打开，让乘客安全地下了车；

　　第三件事是将发动机熄火，确保了车和乘客、行人的安全。

　　他做完了这三件事，安详地趴在方向盘上停止了呼吸。

　　这个真实的故事让人感受到一种撼人心魄的力量，我们从中可以体会到什么叫强烈的责任感。

　　的确，这个社会需要的正是这种深深的责任感。责任是上天赋予每个人的，我们从有认知开始就有很多责任。我们不仅对自己负有责任，还对别人负有责任，对集体负有责任。尤其是在一个公司里，公司就像一个大机器，每一个人都是机器上的一个齿轮，只要一个人不能承担起相应的责任，就会影响整个机器的正常运转。所以，无论何时，我们都不能推卸责任，推卸责任就意味着我们推掉了实现自己价值的机会，也意味着我们开始对自己的良心犯罪。

其实，人生的意义就在于承担一定的责任，清醒地意识到自己的责任，并勇敢地扛起它，无论对于自己还是对于社会你都问心无愧。穆尼尔·纳素曾说过："责任心就是关心别人，关心整个社会。有了责任心，生活就有了真正的含义和灵魂。这就是考验，是对文明的至诚。它表现在对整体，对个人的关怀。这就是爱。"我们可以不伟大，我们也可以清贫，但我们不可以没有责任。任何时候，我们都不能放弃肩上的责任，扛着它，就是扛着自己生命的信念。

社会学家戴维斯说："自己放弃了对社会的责任，就意味着放弃了自身在这个社会中更好生存的机会。"同样，如果一个员工放弃了对公司的责任，也就放弃了在公司中获得更好发展的机会。

对于一名员工来讲，责任意味着什么呢？责任就是对自己所负使命的忠诚和信守，责任就是让自己出色地完成工作，责任就是忘我地坚守，责任保证一切。

当一名护士一直是玛丽的梦想，她的邻居在地方医院担任夜间领班护士，玛丽对其美慕不已。这位护士由于工作勤奋，认真完成自己的本职工作，多次获得荣誉称号。玛丽十分渴望能够像这位邻居那样做出成绩。玛丽决定向她理想中的目标迈出第一步，即穿上条纹制服，到医院里去做服务工作。玛丽坚信自己适合干护士工作，因为在她看来，穿上条纹制服是那么有趣。她总是跟伙伴们一起叽叽喳喳地谈天，在公共食堂里休息，而在履行自己的职责时则显得拖拖沓沓。病人抱怨说，由于她贪看病房里的电视，病人想喝水也不得不长时间地等待。她受到院方的警告，随后就退出了服务活动。玛丽在医院的表现状况不佳，这对她日后进入护士学校是个不小的障碍。为了证明她有能力担负起自己的职责，她不得不比同学们做出更大的努力。

护士的工作需要极强的责任感和使命感，这是玛丽所没有意识到的。她把护士工作作为理想，却没有用行动去实现这个理想。

任何人都想做一个事业上的成功者，而做一个成功者必须要对工作认真负责。在美国，如果一个人本职工作做得不好，就会失去信誉，他再找别的工作，做其他的事情就没有可信度了。你如果认真地做好了一个工作，往往还有更好的工作等着你去做，这就是良性发展。所以说，你的工作，就是你生命的投影。我们对待工作不应该敷衍了事，对自己喜欢的工作应该认真负责，尽自己的全力去做好它。

对每一个员工而言，无论你在什么岗位上，只要你能认真地、勇敢地担负起责任，你所做的就是有价值的，你就会获得别人的尊重和敬意。这不仅是工作的原则，也是人生的原则。当责任感成了我们的生活态度时，我们就会与卓越及成功相伴。

这个世界不缺"怀才不遇"的人，
只缺"怀才"的人

初涉职场，不少新人总是生活在唉声叹气和怨天尤人的牢骚之中。他们的眼睛、耳朵好像长得不合时宜，总是看这也不顺眼，听那也不对劲；要么对什么都看不惯，要么对周围的一切横挑鼻子竖挑眼；经常牢骚满腹，愤愤不平，抱怨命运，痛恨别人；不是大骂世事不公，就是哀叹老天无眼。要么埋怨自己没有一个有能力的爸爸，再不就骂自己无能，在领导面前不会察言观色，而很少从自己的心态、素质、工作能力等方面来检讨自己。

一个自以为很有才华的人，一直得不到重用，为此，他愁肠百结，异常苦闷。有一天，他去质问上帝：命运为什么对我如此不公？上帝听了沉默不语，只是捡起了一颗不起眼的小石子，并把它扔到乱石堆中。上帝说："你去找回我刚才扔掉的那个石子。"结果，这个人翻遍了乱石堆，却无功而返。这时候，上帝又取下了自己手上的那枚戒指，然后以同样的方式扔到了乱石堆中。结果，这一次，他很快便找到了那枚金光闪闪的金戒指。上帝虽然没有再说什么，但是这个人却一下子醒悟了：当自己还只不过是一颗石子，而不是一块金光闪闪的金子时，就永远不要抱怨命运对自己不公平。

如果我们在平凡的生活中坚持磨砺自己的意志和品格，最终把自己打磨成一块闪闪发光的金子，那么，任何人都掩不住我们灿烂夺目的光辉。

很多职场新人总喜欢给自己戴上"怀才不遇"的帽子。因为这样便可以把这份责任推卸到别人的身上。但有时候你并不是怀才不遇，你的才能根本就没展示出来，如何让别人去欣赏呢？

很多职场新人都经历过这样的阶段：被安排在不受重视的部门，干着打杂跑腿的工作，得不到必要的指导和提携，在"阴暗"的角落里自生自灭，时常还会面临无端的批评、指责，代人受过。

如何高效率地走过这个阶段，如何尽可能从中吸收经验，并树立起职场上值得信赖的个人形象，这是每一个刚刚走入社会的年轻人必须面对的课题。

约翰是一个有志青年，但他却总觉得老板对自己不重视，怀才不遇，很不满意自己的工作，他愤愤地对朋友说："我的老板一点不把我放在眼里，改天我要对他拍桌子，然后辞职不干了。"

朋友问他："你对那家贸易公司的工作流程完全弄清楚了吗？对他们做国际贸易的窍门完全搞通了吗？"

约翰摇了摇头，不解地望着朋友。

朋友建议道："君子报仇十年不晚，我建议你把商业文书和公司组织完全搞通，甚至连怎么修理影印机的小故障都学会，然后再辞职不干。"

看着约翰一脸迷惑的神情，朋友解释道："公司是免费学习的地方，你什么东西都通了之后，再一走了之，不是既出了气，又有了收获吗？"

约翰听了朋友的建议，从此便默学偷记，甚至下班之后，还留在办公室研究写商业文书的方法。

一年之后，那位朋友偶然遇到约翰，问道："你现在大概都学会了，准备拍桌子不干了吧？"

"可是我发现近半年来，老板对我刮目相看，最近更是给我不断加薪，并委以重任，我已经成为公司的红人了。"

"这是我早就料到的，"他的朋友笑着说，"当初你的老板不重视你，是因为你的能力不足，却又不努力学习；而后你痛下苦功，通过学习以后，工作能力不断提高，他当然对你刮目相看了。"

由此可见，与其抱怨老板的不重视，不如反省自己，不断提高自身能力。

初入职场，不少新人不去主动学习，提高自己的能力，反而认为自己怀才不遇，抱怨公司、老板对自己不够重视。实际上，问题出在自身，你不养成学习的习惯，不提高自己的工作能力，老板怎么会青睐你呢？

如果你想改变不被老板赏识的现状，获得提升的机会，抱怨是无济于事的，相反，除非你改变了抱怨这种坏习惯，否则你终其一生都不会真正成功。然而，要摒弃抱怨、不思改善的习惯，却不是件容易的事。你必须认真对待自己的工作，明确自己在工作中应负的责任，你必须努力。只有这样，你才能达到改善的目的，享受到成功的果实。这就好比你正住在一间简陋的破屋里，心中梦想着宽大而明亮的别墅。要实现这个梦想，你首先应该以认真的态度对待它；你要明白让生活变得更美好，是每个人不可推卸的责任，然后要做的就是通过努力实践，将这间小屋变成你梦想中的别墅。

"是金子总会发光的。"如果你是匹千里马，早晚都能遇到你的伯乐。如果你现在还没有遇到，那只是因为时机未到。因为你的才能是现实存在的，你现在的老板或许能忽略它的存在性，却无法磨灭它的存在性。但在将来的某一天或许你的才能会被他们认同，现在只是时机未到。"遇伯乐"这种事情是可遇而不可求的。

　　一家公司招聘业务人员，招聘广告一发，应聘者接踵而来。招聘主管发现，其中一位应聘者资历显赫，非常适合，但对于公司来说，有小庙容不了大佛的顾虑，因此招聘主管对他不抱太大的希望。面谈时，招聘主管也很诚恳地告诉他，依据公司规定，无法给予太高的薪水。没想到他竟然愿意接受不到他原来薪水一半的条件，这让招聘主管有点意外。正式上班后，他并没有表现出出身大企业的傲气，反而准时上班，报表填写得清清楚楚，勤跑客户。不久，他的业绩远远超乎大家原本的预期，于是在最短的时间内，公司破格让他晋升，而且大幅度加薪。

　　经过了解才知道：原来他在前一家公司已当上了主管，工作相当顺利，薪水也十分满意，原以为可以衣食无忧，没想到公司投资失败，老板不知去向，让他们哭诉无门。在此期间，他也曾经因为薪水无法达到自己的要求而怨天尤人，总认为自己怀才不遇。但在经历了一段时间的沉淀之后，他选择了重新出发。

　　其实，怀才不遇是一种常态，每一个职场新人都要去经历。在这个时候最关键的是心态的调整，即把自己的心态调整到最佳状态。一个人只要有真才实学，终究是会被老板赏识的。不过，在被人赏识重用前，要接受命运的安排，卧薪尝胆，而不是满腹牢骚抱怨社会。

单丝不成线，独木不成林

当今社会，竞争日趋紧张激烈，社会需求越来越多样化，这使人们在工作学习中所面临的情况和环境极其复杂。在很多情况下，单靠个人能力很难完全处理各种错综复杂的问题并采取切实高效的行动。所有这些都需要我们组成团体，并相互依赖、相互关联、共同合作，依靠团队合作的力量创造奇迹。

美国某大学的学者曾做过这样一个实验：把6只猴子分别关在3间空房子里，每间两只，房子里分别放着一定数量的食物，但放的位置高度不一样。第一间房子的食物就放在地上，第二间房子的食物分别从易到难悬挂在不同高度的适当位置上，第三间房子的食物悬挂在房顶。数日后，他们发现第一间房子的猴子一死一伤，受伤的猴子缺了耳朵断了腿，奄奄一息。第三间房子的猴子也死了。只有第二间房子的猴子活得好好的。

究其原因，第一间房子的两只猴子一进房间就看到了地上的食物，于是，为了争夺唾手可得的食物而大动干戈，结果伤的伤，死的死。第三间房子的猴子虽做了努力，但因食物太高，难度过大，够不着，被活活饿死了。只有第二间房子的两只猴子先是各自凭着自己的本能蹦跳取食，最后，随着悬挂食物高度的增加，难度增大，两只猴子只有协作才能取得食物，于是，一只猴子托起另一只猴子跳起取食。这样，每天都能取得够吃的食物，很好地活了下来。

由此可见，只有学会合作才能得以生存。世界上有许多事情，只有通过相互合作才能完成。

我们每个人在这个世界上都不是孤立存在的，都要和周围的人发生各种各样的关系。无论你从事什么职业，也无论你在何时何地，始终离不开与别人的合作。一个人学会了与别人合作，也就获得了打开成功之门的钥匙。

有人问上帝天堂与地狱的区别，上帝把他领进一间房子，只见一群人围坐在一口大锅旁边，每人拿一把汤勺，可勺柄太长，即使盛起了汤也送不到嘴里，他们一个个眼睁睁地看着锅里的珍馐饿肚子。上帝又把他领进另一间屋子，同样的锅，人们拿着同样的汤勺却吃得津津有味。原来他们是在用长长的汤勺相互喂着吃。上帝说："刚才那里是地狱，这里是天堂。"

天堂和地狱的最大区别就在于能不能、会不会、愿意不愿意与别人合作。今天，任何一个公司都不可能由一个人去完成所有的事情，员工与员工之间必须紧密配合，团结一致，这样才能取得成功。因此，如果你在工作中只看到自己的利益，却忽视了团队的利益、没有团队精神的话，你就无法在现代公司里立足。只有团队的每一位成员紧密合作，我们才能取得最大的成功。

比尔·盖茨可以说是公认的聪明绝顶的人物，但他所取得的成就同样也不是由他一个人所创造的。其中，对比尔·盖茨的事业起到了决定性帮助的人物当属史蒂夫·鲍尔默。

　　盖茨是一个计算机天才，可他在公司管理方面却显得手足无措，以至于微软刚成立，就陷入了重重危机。盖茨清醒地认识到了这一点。在学校期间，盖茨就是一个沉默内向的人，他参加的绝大多数交际活动都是好友鲍尔默极力鼓励的。同是哈佛高才生的史蒂夫·鲍尔默，知识面广，反应敏捷，判断准确，善于把握商机，是一个不可多得的人才。更可贵的是鲍尔默很早就开始了商业实践。在高中时，鲍尔默就担任了小篮球队的经理人。当时的教练曾说，鲍尔默是他见过的最好的经理人，球队需要用的球和毛巾总是放在它们应该放的地方，他从那时起就是团队精神的典范，因此，整个队伍的状态一直都非常好。

　　于是，盖茨决定去找鲍尔默。1980年，比尔·盖茨在他的游艇上以5万美元的年薪说服了当时就读于斯坦福大学商学院的鲍尔默加入微软。从此，这两位性格迥异的好友通力合作创造了一个制造财富的神话。

　　合作才有出路。在当今社会分工日益细密的情况下，靠个人的能力成功的机会更少了。合作已经成了人的一种能力，是成功的基础。一个人获得成功的捷径就是同别人合作。人的价值，除了具有独立完成工作的能力外，更重要的是有和他人共同完成工作的能力。所以，作为公司的一员，我们要善于与人合作，把自己融入整个团队中，凭借整体的力量，将自己所不能完成的工作任务完成好。

小事成就大事，细节成就完美

有这样一个故事：

查理和亨利分别是两个国家的国王，他们准备决一死战，此役决定着两国的前途和命运。

决战当天早上，查理派一个马夫去准备战马。马夫让铁匠给国王的战马钉掌，铁匠说："我早几天给国王军队的所有马都钉了马掌，所有的马掌和钉子都用光了，我要重新打。"

马夫不耐烦地说："我等不及了，你有什么就用什么吧！"

于是铁匠寻来四个旧马掌和一些旧钉子，把它们砸平打直后钉在了国王战马的马蹄上。可最后一只马掌只钉了两枚钉子，连钉子都没有了。马夫等不及了，认为两颗钉子应该能挂住马掌，就牵马走了。

结果，在战场上，查理的马掉了一只马掌，战马瞬间失足掀翻在地，于是查理被亨利的士兵活捉了。

这就是因为忽视小事而造成大的损失的典型事例。处理不好小事，往往会给我们带来一些损失或是不愉快。工作也是如此。在工作中，大事情需要落实到位，小事情也要不折不扣地落实。因为，很多大事情就是由无数件小事构成的，假如我们小事落实不到位，大事情也就无法完成。

大学毕业后，小张到了一家私营企业从事外贸工作，他每天都热情地从一点一滴的小事做起。复印、收发传真、接打电话等，对这些很琐碎的事情，他从来都不嫌麻烦。有不懂的地方，他总是及时向别人请教。

公司的王经理是搞贸易的行家，所有的股东都视他为公司的中流砥柱。有一天早上，王经理吩咐小张去银行汇一笔钱给一个客户，小张接到任务后马上带着相关材料到银行，赶在下班之前将这笔钱汇给了客户。当时他认真检查了金额、日期、发票、合同，确信没有问题之后交付银行。银行工作人员审核后，依照程序办理汇款。

没想到第二天中午，小张就被经理叫到办公室。经理的脸色很难看，第一句话就问小张："你给客户付款的账号写的是多少？"小张马上意识到账号有可能出了问题，仔细对比后，他发现因为账号是客户方面通过短信发给自己的，最后一个数字正好换行，他没有把短信继续翻下去，故而漏掉了最后一个数字。

后来通过和银行多方面沟通，才把这笔钱汇到了客户的账号上。但是，由于资金没有及时到账，导致客户那边不能按时发货，损害了企业的信誉，也给企业造成了巨大的经济损失。

这是忽视小事和细节的一大后果。可见，无论做哪种工作，不注重细节，忽视小事，都会给公司及个人带来负面的影响，甚至造成损失。

小事往往牵连大事，关系全局。在日常工作中，小事常常因太小而被人忽视，让人掉以轻心；因其"细"，也常常使人感到烦琐，不屑一顾。但这些小事和细节，往往是工作进展的关键和突破口，是关系成败的决定性因素。因此，员工必须时刻牢记"工作之中无小事"的信条，此外，员工还要培养注重细节、严谨负责、防微杜渐的职业品格，用百分之百的热情追求每一件工作的尽善尽美，这也是职场人士谋求好职位的取胜之道。

工作中无小事，这首先要求我们极具责任心，不放过每一个细节，认真对待工作，努力完成工作。每一件事都值得我们去做。即使是最普通的事，也不应该敷衍应付或轻视懈怠，相反，我们应该付出我们的热情和努力，多关注怎样把工作做得最好，全力以赴、尽职尽责地去完成工作。许多与我们同时起步的人，每天和我们一样做着简单的小事，后来逐步晋升于我们之上，原因之一是他们从不认为他们所做的事是简单的小事。

　　阿华和阿利大学毕业后，进入了一家贸易公司工作。他们本以为会受到重用，进入重要岗位。可是，他们却被安排了类似杂务工的工作，负责厕所卫生、补充办公用品等一些琐碎的日常小事。于是他们便开始私下埋怨。阿华开始厌倦这份工作，常常留意招聘信息，随时准备跳槽，工作也不上心，甚至常常缺勤；阿利虽然心里不痛快，却仍然安心工作、任劳任怨，把它作为锻炼自己的机会，相信总有一天会赢得认可。此外，阿利还深入了解公司情况，学习业务知识，熟悉工作内容。

　　工作五个月后，阿利终于被调到重要岗位，结束了单调而琐碎的工作，而阿华还没另外找到工作，就已经被辞退了。

只有善于做小事的人才能做成大事。在工作中，我们要甘于做一些小事。通过做这些小事，积累经验，增强信心，日后才能干更大的事情。

任何人踏上工作岗位后，都需要经历一个把所学知识与具体实践相结合的过程，都需要从一些简单的工作开始这种实践，并从实践中不断学习。所以，面对一件不起眼的小事，我们要一丝不苟、扎扎实实地做好，并不断积累经验。

小事成就大事，细节成就完美。有时，看似无关紧要的小事却往往关系到一件事情的成败，关系到个人的前途和命运。作为一名优秀的员工，我们必须真正了解平凡中蕴藏的深刻内涵，关注那些以往认为无关紧要的平凡小事，并尽心尽力地认真做好它。因此，在工作中，我们要真正从小事做起，从细节入手，把小事做好，把细节做得更周到细致，注意在做事的细节中找到机会，这样才能赢得老板的赏识，在工作中实现自己的价值。

世上最卑微的人，莫过于为薪水而工作的人

人生在世，不仅仅是为了享受生活，更重要的是要在工作中找到人生的价值。

工作薪水只是人们最低层次的需要，而每个人都有实现自我价值的渴望和要求。对于职场中的人来说，工作是他们实现自我价值的一个很好的途径。因而，工作不仅仅是为了薪水，职场中人应该弄清这个道理。

工作是人生的一种需要，工作决不只是为了薪水。如果一个人是为了薪水而工作，那么他不仅会失去工作的乐趣，往往还会失去更为重要的东西。

薪水仅仅是工作报酬的一种方式。为薪水而工作是最没有长远目光的，并且不是一种明智的人生选择。没有长期的打算，结果受害最深的往往是自己。

在一个炎热夏日的午后，一群工人正在铁路的路基上工作。这时，

一辆火车从远处缓缓地开过来，所有工作的人不得不放下工具。火车停下来后，最后一节装有空调装备的车厢窗户忽然打开了。一个友善的声音从里面传出来："杰克，是你吗？"这群人的队长杰克回答说："是的，迈克，能看到你真高兴。"寒暄几句后，杰克就被铁路公司的董事长迈克邀请上去了。这两人闲聊一个多小时后，握手话别。

火车开走后，这群工人立刻包围了杰克，他们都对他居然是铁路公司董事长的朋友而感到惊讶。杰克解释说，20年前他与迈克在同一天开始为铁路公司工作。

有一个工友半开玩笑地问杰克："为什么迈克现在成了董事长，而你却还要在大太阳下工作？"杰克说了一句意味深长的话："20年前我为每小时1.75美元的工资而工作，而迈克却在为铁路事业而工作。"

杰克的话形象地说出了造成两个人境遇相差如此遥远的原因：为薪水而工作与为事业而工作，其效果是截然不同的。一个以薪水为奋斗目标的人是无法走出平庸的生活模式的。

一个人如果只为薪水而工作，工作起来也就没有了主动参与的积极性，他将会成为一个不幸的人，受害最深的不是别人，而是他自己。

某大学有两个特别优秀的毕业生，他们天资聪慧，才能出众，有着相近的兴趣和爱好。对他们而言，找个有发展潜力的工作肯定是件非常容易的事。毕业时，两个人的导师的朋友正在创办一家小型公司，并委托导师为他物色一个合适的人选。因此，导师建议自己的这两个学生前去试一试。

学生王某先去应聘。应聘回来后，王某打电话对导师说："您的朋友只给1000元的月薪，真是太吝啬了，我才不去他那儿工作呢。我现在已经在另一家月薪2000元的电脑公司开始上班了。"

　　学生李某是后去应聘的，虽然同样是1000元的月薪，尽管李某也同样有能力找到赚更多钱的工作，可是，他却欣然接受了这份工作。当导师得知他的决定时，导师问他："工资这么低，你不觉得太吃亏了吗？"

　　李某是这样回答导师的："当然了，我也想像别人一样赚更多的钱，但您的朋友给我的印象非常深刻，我感觉在他那里肯定能学到一些本领，虽然薪水低点，但也是值得的。我觉得，我在那里工作肯定能更有前途。"

　　几年的时光眨眼间就过去了。王某的月薪由当初的2000元涨到了现在的4000元，可李某的月薪却由当初的1000元上升到了10000元，除此之外，还有年底分红。几年的时间，两人的差别是如此之大。原因何在呢？非常明显的是，当初，王某是被薪水蒙蔽了眼睛，而李某对工作的选择却是从多学习东西的角度出发的。

　　可见，相对于薪水来说，知识、经验和工作的技巧对于一个人的成长更加重要。薪水是对我们现有能力和价值的认可，是我们现有价值的兑现，而能力和经验的积累则可以使我们未来的价值增值。

　　曾有人说："在初入社会的时候，不要太顾及你的老板所给你的薪水。你不如去想一想你自己可以从工作中获得的各种好处，如技巧的提高，经验的积累及整个生活的充实，等等。"工作是一个发展自我的机会。你可以在工作中培养自己多方面的能力，比如行政能力、决策能力、社交能力等，而所有这一切都远远超过了你得到的薪水的价值。

　　因此，在择业的时候，你千万要告诫自己：我并不是为这份薪酬而选择这份工作的，而是因为眼前的这份工作能为我今后的发展奠定坚实的基础。这份工作能使我获得真正的无价之宝——学到新的知识，培养自己的能力，展现自己的才华。在未来的资产中，它们的价值远远超过了你现在所积累的货币资产，因为它们是可以创造资产的资产。当你不再为薪水而工作时，你的收获反而会更多。

不断更新思维方式，苦干不如巧干

工作中，我们常常会看到这样的情况：有的人工作很认真，每天都不停地忙，还常常加班加点来完成工作，但是由于工作方法不正确，效率很低，工作绩效平平；有的人平时很少加班，因为工作方法正确，能够用较少的时间来完成工作任务，绩效相当好。在这个重视过程，更重视结果的年代里，我们不仅要努力，更要用合理的方法做事，才更有效率。

在工作中，许多人认为自己付出的辛勤汗水并不比别人少，但成绩却总没别人好，究其原因，主要是方法技巧问题，所以在工作中，我们还要注意做事的技巧。当遇到工作的难题时，绝对不应该一味下蛮力去干，要多动些脑筋，看看自己努力的方向是不是正确。

有一句谚语："巧干能捕雄狮，蛮干难捉蟋蟀。"这句话道出了一个普遍的真理，即做事要讲究方法，巧干胜于蛮干。巧干是一种分析判断、解决问题和发明创造的能力，是敏锐机智、灵活精明的反映，也是充满活力、随机应变的智慧。在工作中，巧干可以抓住事情的关键，找到有针对性的方法。巧干既可以减少劳动量，又可以达到事半功倍的效果。

成功的人讲究方法，讲究效率，而失败者往往会忽略这些，只是凭借着自己的想法蛮干。当人们反复抱怨问题的困难、处境的艰难时，有人放弃，有人坚持，有人莽撞苦干，有人讲究方法，这就造成了面对同样问题却有不同的结果的局面。所以说，一个人只有主动寻求方法去解决工作中遇到的每一个问题，敢于挑战，并在困难中突围而出，才能提高工作效率，才能奏响激越雄浑的生命乐章。

现在是知识经济已见端倪的时代，效率非常关键，工作不讲究方法就没有效率。惠普前首席知识官高建华说："惠普这样的跨国公司不提倡员工整天努力地拼命工作，而提倡员工聪明地工作，希望员工在工作中开动脑筋，想出更好的办法去解决问题、完成工作，从而提高工作质量和效率。"低头努力的工作本是无可厚非的，不过要想迅速攀到职业顶峰，这是远远不够的。许多人为了在老板面前表现自己，常常加班加点工作。这些人错误地认为唯有这样才能得到老板的赏识。其实工作效率与工作业绩才是最重要的，不能盲目地为忙而忙，也不能为做表面文章而假忙，结果却没有任何成绩。所以，我们只有采用好方法，才能真正解决问题，才能比一般人更优秀、更有效率，才能最终获得成功。

第十二章
淡然前行，淡定的人生最幸福

除了你，没有人能主宰你的快乐

快乐是一种习惯，是一种发自内心的情感，是一种清澈而又美妙的内心感受。庄子认为：生命本应是乐天而无欲的，真正的快乐是生命本性的自然流露，来源于自己精神的内部，而不被外物所影响。

快乐的人生才是成功的人生。只有拥有良好的心境才会感到活着是美好的，但只有理解了快乐的真谛，才可能真正快乐起来。

从前，有个人生活得非常快乐，但他总担心这种快乐会失去。一天，他弯下腰想看看自己的快乐还在不在，快乐却突然间不知去向，这人急得团团转，弯着腰低着头到处寻找。但找遍了山川田野的每一个角落，快乐还是无影无踪。他绝望地直起身子，自言自语道："不找了，随它去吧。难道要一辈子这样弯着腰吗？"说也奇怪，就在他抬起头的刹那，快乐突然又回到了他的身边，他顿时明白了快乐的真谛。

快乐是一个过程，是一种顺其自然的经历。当快乐中的万千情绪走到面前时，我们就应该去珍惜它，不要因为寻找快乐而失去快乐。愚人向远方寻找快乐，智者则在自己身边培养快乐。快乐就在你我身边，停下匆匆的脚步，细细享受，快乐早已将你紧紧拥抱。

快乐的心情是简单的。快乐不需要太多的诠释和想象。真正的快乐是来自内心深处的一种持久的安详和喜悦。

据说，在终南山一带长着一种特殊的植物——快乐藤，任何人得到这种藤后，都会喜形于色，笑逐颜开，不知道烦恼为何物。

为了获得快乐，曾有一位年轻人不惜跋涉千山万水来到终南山，在历尽千辛万苦的搜寻后，他终于得到了这根藤，但结果并非像传说中的那样——他仍然不快乐。

这天晚上，他在山下的一位老人家里借宿，面对皎洁的月光，不由长吁短叹起来。

他问老人："我已经得到了快乐藤，为什么却仍然不快乐呢？"

老人一听乐了，说："其实快乐藤并非终南山才有，人人心中都有。只要你有快乐根，无论走到天涯海角你都能够得到快乐。"

老人的话让年轻人耳目一新，他又问："什么是快乐的根？"

老人说："心是快乐的根。"

年轻人恍然大悟，最后笑了。

这个故事说出了快乐的真谛——快乐的源泉，在自己的内心！快乐并非取决于你是什么人，或你拥有什么，它完全来自于你的思想，你心中所注满的希望、自信、真爱与成功的想法就是快乐。假如你下决心使自己快乐，你就能够使自己快乐。快乐无须理由，它本身就是理由。

一位疲惫的诗人去旅行，出发没多久，他就听到路边传来一个男人悠扬的歌声。

他的歌声实在太快乐了，像秋日的晴空一样明朗，如夏日的泉水一样甘甜，任何人听到这样的歌声，都会马上被感染。

诗人驻足聆听。

突然歌声停了下来，一个男人走了出来，他的笑声甚至比他本人出来得还要早。

诗人从来没有见过一个人笑得这样灿烂，只有一个从来没有经历过任何艰难困苦的人，才能笑得这样灿烂，这样纯洁。

诗人上前问道："你好，先生，从你的笑容就可以看出，你是一个与生俱来的乐天派，你的生命一尘不染，既没有受过风霜的侵袭，更没有受过失败的打击，烦恼和忧愁也没有叩过你的家门……"

男人摇摇头："不，你错了，其实就在今天早晨，我还丢了一匹马呢，那是我唯一的一匹马。"

"最心爱的马都丢了，你还能唱得出来？"

"我当然要唱了，我已经失去了一匹好马，如果再失去一份好心情，我岂不是要蒙受双重的损失吗？"

人人都希望自己的人生快乐，也都在努力编织快乐人生。快乐是一种心情，是一种感觉，它需要我们去感知，去捕捉，去发现。如果我们能够认真地过好自己的每一天，用心去感受生活中的点点滴滴，就能寻求到快乐，生活也一定会更加快乐充实。

著名的哲学家苏格拉底还是单身汉的时候，和几个朋友在一起，住在一间只有七八平方米的房间里，他一天到晚总是乐呵呵的。有人问他："那么多人挤在一起，连转个身都难，有什么可乐的？"苏格拉底说："朋友们在一起，随时都可以交换思想，交流感情，这难道不值得高兴吗？"

过了一段时间，朋友都成了家，一个个都先后搬出去了，屋子里只剩下苏格拉底一个人。每天，他依然开心。那人又问："你一个人孤孤单单，有什么好高兴的？"苏格拉底说："我有很多书啊，一本书就是一个老师。和这么多老师在一起，时时刻刻都可以向老师请教，这怎么不令人高兴呢？"

　　几年后，苏格拉底也成了家，搬进了一座楼里，这座楼有六层，他家住一楼。一楼不安静，不安全，也不卫生，上面老乱扔东西下来。可他还是一副乐呵呵的样子。那人又问他："你住这样的地方，也感到高兴吗？"苏格拉底说："你不知道住一楼有多少好处啊，比如进门就是家，不用爬楼；搬东西方便，不用花大力气；朋友来访，不用四处打听……这些妙处啊，简直没法说。"

　　过了一年，苏格拉底把一楼让给了一位腿脚不方便的朋友，自己住到了六楼。六楼夏热冬冷，爬起来还累，但他依然整天快快乐乐的。那人不解地问："住顶楼有什么好处？"苏格拉底说："好处多哩。如每天下楼可以锻炼身体，看书时光线好……"

　　后来，那个人又问苏格拉底："你为什么总是那么快乐，我感觉你每次所处的环境并不那么好啊？"

　　苏格拉底说："决定自己心情的，不在于环境，而在于心境。"

　　快乐是一种生活态度，一种生活习惯。快乐的生活需要快乐的心情，而快乐的心情是需要自己营造的，快乐的心情从哪里来呢？快乐的心情从我们的生活中来。生活需要快乐的心情，而快乐的心情又来自生活，就是这样相辅相成。

　　心理学博士凯伦·撒尔玛索恩女士说："我们的生活有太多不确定的因素，你随时可能会被突如其来的变化扰乱心情。与其随波逐流，不如有意识地培养一些让你快乐的习惯，随时帮助自己调整心情。"所以，生活中别忘了时时享受快乐，拥有了快乐就拥有了幸福。

最好的成长，就是过好当下每一刻

人生是美好的。但是人生中最美好的东西，不在过去，也不在未来，人生中最美好的东西，就在现在，就在稍纵即逝的每一刻。古希腊学者库里希坡斯曾说过："过去与未来并不是存在的东西，而是存在过和可能存在的东西。唯一存在的是当下。任何懂得珍惜自己的人，必须首先珍惜现在，珍惜生命中的每一刻。"

活在当下是一种全身心地投入人生的生活方式。当你活在当下，而没有过去拖在你后面，也没有未来拉着你往前时，你全部的能量都集中在这一时刻。

然而，在生活中，我们会发现许多人都活在过去或未来中。一部分人天天在追忆往昔的生活，或为生命中某个阶段失去的幸福而悲叹，或为过去崎岖的际遇而愤愤不平；另一部分人生活在想象的未来中，他们担心自己年老后的生活问题，甚至担心还未成年儿女到老时的生活问题，等等。而无论是活在过去还是担心未来的人，他们共有一通病——失去了当下，不能愉快地、自在地享受当下。

活在当下其实是一种态度，一个人只有树立了正确的态度才会真正拥有快乐。我们只有承担过去的一切，学会珍惜此刻所拥有的，把握好现在才会成就未来。

人生短暂，瞬间即逝，太多的东西不在我们掌控之中，过去已成过去，未来也不一定是我们想象之中的样子，只有当下这一秒钟才是实实在在地掌握在我们手中的。昨天，是张作废的支票；明天，是尚未兑现的期票；只有今天，才是现金，是有流通性的价值之物。所以说，人生在世，唯有认真地活在当下，才是最真实的人生态度。

昨天已成了过去，明天还未到来，牢牢掌握在自己手中的只有现在。把握现在，活在当下，全心全力做好身边的每一件事，才是真正的人生。

活在当下并非不去回忆往昔，预想未来，而是专注于这一过程。只有臣服于当下，抓住此时此刻，才能拥有真正的自我，找到平和与宁静的生活。因此，我们必须珍惜生命中的分分秒秒，珍惜现在。从现在起，尽自己的所能，在生命余下的旅程中留下自己能够留下的东西，只要能够这样想、这样做，生命就能迸出火花。

百得会有一失，百失也会有一得

人的一生仿佛就是得失的轮回，得失就像是一对跳跃的、充满灵性的音符，不停地编织着人生乐章中每一个悠扬的旋律。生活中，有得必有失，有失也必有得。只有从来没有的东西，才永远不会失去。"百得会有一失，百失也会有一得"，这句话虽谈不上是至理名言，但也从一个侧面说明了得与失的相互转化关系。

得与失就像小舟的两支桨，马车的两只轮，得失只在一瞬间。失去春天的葱绿，却能够得到丰硕的金秋；失去青春岁月，却能走进成熟的人生。失去，本是一种痛苦，但也是一种幸福，因为失去的同时也在获得。

有这样一个故事：

风浪中，船沉了，唯一一位幸存者被风浪冲到了一座荒岛上，每天，这位幸存者都翘首以待，希望有船来救他。然而，他盼得花儿都谢了，还是没有船来。

为了活下去，他辛辛苦苦地弄来了一些树木枝叶给自己搭建了一个家，每天，他默默地向上帝祈祷着。然而，不幸的事发生了。一天当他外出寻找食物时，一场大火顷刻间把他的家化为了灰烬，他眼睁睁地看着滚滚浓烟消散在空中，悲痛交加，眼中充满了绝望。

第二天一大早，当他还在痛苦中煎熬时，风浪拍打船体的声音惊醒了他——一只大船正向他驶来。他得救了。"你们是怎么知道我在这里的？"他问。"我们看见了你燃放的烟火信号。"

人生没有绝对的事。在某些时候，失去的同时也会得到许多，而且得到的远远比失去的要多。命运向来都是公正的，在这方面失去了，就会在那方面得到补偿。当你感到遗憾失去的同时，可能会有另一种意想不到的收获。

生活中往往有得就有失，得到和失去都是一种暂时性的，而且还是一种偶然性的，以淡泊的眼光看待云卷云舒、潮起潮落，以平静的心灵对待工作和生活，才是每个人值得追求的真谛。

有一个富翁，在一次大生意中亏光了所有的钱，并且欠下了一屁股债。他卖掉房子、汽车，还清了债务。

此刻，他孤独一人，无儿无女，穷困潦倒，唯有一只心爱的猎狗和一本书与他相依相随。在一个大雪纷飞的夜晚，他来到一座荒僻的村庄，找到一个避风的茅棚。他看到里面有一盏油灯，于是用身上仅存的一根火柴点燃了油灯，拿出书来准备读书。但是一阵风忽然把灯吹熄了，四周立刻漆黑一片。这位孤独的老人陷入了黑暗之中，他对人生感到绝望，甚至想到了结束自己的生命。但是，身边的猎狗给了他一丝慰藉，他无奈地叹了一口气后沉沉睡去了。

第二天醒来，他忽然发现心爱的猎狗也被人杀死在门外。抚摸着这只相依为命的猎狗，他突然决定要结束自己的生命，世间再没有什么值得留恋的了。于是，他最后扫视了一眼周围的一切。这时，他不由发现整个村庄都沉寂在一片可怕的寂静之中。他不由急步向前，啊，太可怕了，尸体，到处是尸体，一片狼藉。显然，这个村昨夜遭到了匪徒的洗劫，整个村庄一个活口也没留下来。

看到这可怕的场面，老人不由心念急转："啊！我是这里唯一幸存的人，我一定要坚强地活下去。"此时，一轮红日冉冉升起，照得四周一片光亮，老人欣慰地想：我是这里唯一的幸存者，我没有理由不珍惜自己。虽然我失去了心爱的猎狗，但是，我得到了生命，这才是人生最宝贵的。

老人怀着坚定的信念，迎着灿烂的阳光又出发了。

从这个故事中我们可以得到这样的感悟：人的一生，总在得失之间，在失去的同时，也往往会另有所得，只有认清了这一点，才不至于因为失去而后悔，才能生活得更快乐。

扔掉欲望的衬衫，终得幸福的外套

据说，在某地区生活着一群贪婪的猴子，它们经常偷食农民的大米，当地的人们很伤脑筋。后来，人们根据这些猴子的特性，发明了一种捕捉猴子的巧妙方法：人们把一只葫芦形的细颈瓶子固定好，系在大树上，再在瓶子中放入猴子喜欢的大米。当猴子见到瓶子中的大米后，就会把爪子伸进瓶子去抓大米。这瓶子的妙处就在于猴子的爪子刚刚能够伸进去，等它抓起一把大米时，爪子就会拉不出来。

猴子急于吃到瓶子中的大米，贪婪的本性更使它不可能放下已经到手的大米，就这样，它的爪子也就一直抽不出来，只好死死地守在瓶子旁边。第二天早晨，人们把它抓住的时候，它依然不会放开爪子，直到把那米放入嘴里。

禁不住诱惑，欲壑难填的人往往会在不知不觉中陷入欲望的陷阱，不能自拔。世人如何不心安，只因放纵了欲望，人生的痛苦也是源于贪欲。

有这样一个寓言故事：

一天，一个老头在森林里砍柴。他抡起斧子正准备砍一棵树，突然从树上飞出一只金嘴巴的小鸟。小鸟对老头说："你为什么要砍倒这棵树呀？""家里没柴烧。"老头答道。"你不要砍倒它。回家去吧，明天你家里就会有许多柴。"说完，金嘴巴鸟就飞走了。老头空手回到家，他对老伴说："上床睡觉吧，明天家里就会有许多柴的。"第二天，老伴发现院子里堆了一大堆柴，就叫老头："快来看，快来看，谁在咱家院子里堆了这么一大堆柴？"老头把遇到金嘴巴鸟的经过告诉了老伴，老伴说："柴是有了，可是我们却没有吃的。你去找金嘴巴鸟，让它给我们点吃的。"老头又回到森林里的那棵树下。这时，金嘴巴鸟飞来了，它问："你想要什么呀？"老头回答说："我的老伴让我来对你说，我们家没有吃的了。"

"回去吧，明天你们就会有许多吃的东西。"金嘴巴鸟说完又飞走了。老头回到家，对老伴说："上床睡觉吧，明天家里就会有许多食物。"第二天，他们果真发现家里出现了许多肉、鱼、甜食、水果、葡萄酒和其他想要的食物。他们饱餐了一顿后，老伴对老头说："快去找金嘴巴鸟，让它送我们一个商店，商店里要有许许多多的东西，这样，往后我们的日子就舒服了。"

老头又来到了森林里的那棵树下。金嘴巴鸟飞来问他："你还想要什么？""我的老伴让我来找你，她请你送给我们一个商店，商店里的东西要应有尽有。她说，这样我们就可以舒舒服服地过日子了。"

"回去吧，明天你们就会有一个商店。"金嘴巴鸟说。老头回到家把经过告诉了老伴。第二天他们醒来后，简直都不敢相信自己的眼睛了。家里到处都是好东西：布匹、纽扣、锅、戒指、镜子……真是应有尽有。老伴仔细地清理了这些东西以后，又对老头说："再去找金嘴巴鸟，让它把我变成王后，把你变成国王。"

老头回到森林里，他找到了金嘴巴鸟，对它说："我的老伴让我来找你，让你把她变成王后，把我变成国王。"金嘴巴鸟冷漠地望了一下老头，说："回去吧，明天早上你就会变成国王，你的老伴就会变成王后。"老头回到家，把金嘴巴鸟的话告诉了老伴。第二天早上醒来，他们发现自己穿的是绫罗绸缎，吃的是山珍海味，周围还有一大帮的侍臣奴仆。可是，老伴对此仍不满足，她对老头说："去，找金嘴巴鸟去，让它把魔力给我，让它来我们的宫殿，每天早上为我跳舞唱歌。"

老头只好又去森林找金嘴巴鸟，他找了很久，最后总算又找到了它。老头说："金嘴巴鸟，我的老伴想让你把魔力给她，她还让你每天早上去为她跳舞唱歌。"金嘴巴鸟愤怒地盯着老头，说："回去等着吧！"

老头回到家，他们等待着。第二天起床后，他们发现自己被变成了两个又丑又小的矮人。

欲望是永无止境的。人性中的欲望与生俱来，沉湎于欲望而不能自拔者称之为贪婪。贪婪使人迷惑，在不自觉中使人丧失了理智，直到付出了沉重的代价时，惊醒为时已晚。

贪欲使人不仅难以得到想要得到的，而且，就连已经得到的，也会轻易地失去。很多人痛苦的真正原因是自己被无穷的欲望压得喘不过气来，成为欲望的奴隶。这正应了明代学者宋载堉所写的一首讽刺贪心无止境者的《十不足》歌："终日奔忙只为饥，才得有食又思衣；置下绫罗身上穿，抬头又嫌房屋低；盖下高楼并大厦，窗前缺少美娇妻；娇妻美妾都娶下，又虑出门没马骑；将钱买下高头马，马前马后少跟随；家人招下十来个，有钱没势被人欺；一铨铨到知县位，又说官小势位卑；一攀攀到阁老位，每日思慕做皇帝；一日南面坐天下，又想神仙下象棋；洞宾与他把棋下，又问哪是上天梯；上天梯子刚放下，阎王发牌鬼来催；若非此人大限到，上到天上还嫌低。"

《内经》有言："志闲而少欲，心安而不惧。"少一份欲望便多一份快乐。其实，我们每一个人所拥有的财物，无论是房子、车子……无论是有形的，还是无形的，没有一样是真正属于我们自己的。这些东西只是暂时归属于我们而已，所以，我们应该将心态放平和些，把这些财富统统都视为身外之物。

一位哲人说过，生命是一团欲望，欲望不满足便痛苦，满足便无聊。人可以适度满足欲望和实现自我，但不能过度，要懂得回归，反观自照。所以，我们要学会放下，过一种简单而淡定的生活，苦乐一味。

幸福就是做自己喜欢的事情

许多人工作效率低下，就是因为他们没有做自己最喜欢的事。其实，不必看轻自己，要相信自己的能力是独一无二的。社会上大多数的人，只会羡慕别人，或者模仿别人做的事，很少有人认清自己的专长，了解自己的能力，然后锁定目标，全力以赴，所以很多人不能够成大事。这些人只能怪罪自己。

据调查，有28%的人正是因为找到了自己最适合的职业，才彻底地掌握了自己的命运，并把自己的优势发挥到淋漓尽致的程度。这些人自然都跨越了弱者的门槛，迈进了成功者之列；相反，有72%的人正是因为不知道自己的"对口职业"，而总是别别扭扭地做着不擅长的事，因此，不能脱颖而出，更谈不上成大事了。其实世界上大多数人都是平凡人，但大多数平凡人都希望自己成为不平凡人中的一员，梦想成大事，才华获得赏识，能力获得肯定，拥有名誉、地位、财富。不过，遗憾的是，真正能做到的人，似乎总是不多。

一个人的成功主要来自于他对自己擅长的工作的专注和投入以及无怨无悔地付出努力的回报。

李开复在美国的时候，如果不是因为那次重要的决定，他到现在都还有可能只是美国一个小镇上名不见经传的律师。

李开复考上了哥伦比亚大学的法律专业后，被很多人羡慕，觉得以后从事法律工作将会是一件很体面的事情。刚开始，李开复为自己设计好了未来：毕业后做一名律师，这个行业不但收入不错，还能得到人们的尊重。

可是，过了不到半年。李开复却苦恼了起来。因为，他渐渐发现自己真正的兴趣并不在法律上，而且自己根本就不喜欢法律。每天上课时，他总是昏昏欲睡，整个人打不起一点精神。在这段时间，李开复思考得最多的一个问题是："我的人生该何去何从呢？"

百无聊赖中，他接触到了计算机。很快，他便疯狂地迷上了计算机。他在图书馆借了大量编程的书籍，每天都不知疲倦地练习编程。对于这样"不务正业"的举动，老师和同学们都感到非常惊讶，他们认为李开复真的是疯了。

大二那年，李开复思考了很长时间，终于做了一个重要的决定：放弃自己的专业，转入计算机系学习编程。

在那个时代，计算机还属于高科技的产品，它究竟能给人们的生活带来多大的影响还是个未知数。而且，当时的哥伦比亚大学计算机系刚刚成立，来报名学习这个专业的学生非常少。因为，大家不知道学习计算机以后究竟能做什么工作。

李开复从法律领域转到一个前途未卜的领域里来，这使认识他的人都深为不解。许多朋友都劝他三思而行，不要放弃前途光明的法律专业。但李开复毅然地坚持自己的选择。因为他知道，人的生命只有一次，不应该浪费在自己不喜欢的事情上，而应用自己的一生时间去学习和研究自己感兴趣的领域。

没想到的是，他一入计算机领域，便如鱼得水，工作充满了激情。后来，他又进入卡内基梅隆大学，继续攻读计算机专业，并获得了计算机专业博士学位。他开发的"语音识别系统"获得了《美国商业周刊》所评选的"最重要发明"奖。他于1998年加盟微软，创立了微软亚洲研究院。2000年他升任微软全球副总裁，是微软高层里职位最高的华人。

2006年他又出任Google公司全球副总裁、中国区总裁。

　　后来，已经是微软副总裁的李开复在一次采访中说："我觉得自己之所以有今天的成就，最重要的原因就是自己上大学时的那个重要决定。在那个时候，我也并不知道计算机能够发展到现在这么高的水平，我只是知道自己喜欢计算机，当我选择学习计算机时，我的生命就有了努力的方向。"

　　心理学认为：当一个人从事自己所喜爱的职业时，他的心情是愉快的，态度是积极的，而且他也很有可能在所喜欢的领域里发挥最大的才能，创造最佳的成绩。

　　一位名人说过："你一定要做自己喜欢做的事情，才会有所成就。" 当然，做自己喜欢做的事，并不是那么容易的。事实上，大多数人都在做他们不喜欢的事情，却又必须逼着自己把不喜欢的事情做得更好。在这种乏味的情况下，他们经常会失去动力，时常遇到事业的瓶颈，而没有相应的解决方案。他们不断地征求别人的意见却还是照着一般生活方式生活。凡事没有多大的进展，甚至是在原地徘徊。这些当然不是他们想要的，但是由于客观的原因以及条件的制约，他们当中很少有人试着去改变自己的状况。

　　人的生命是有限的，抓紧时间去做自己想做的事情，把梦想变成现实，千万不要将梦想带进坟墓，让自己后悔。因为，生活中最大的幸福，就是放手做自己真正想做的事情，并乐在其中。亚伯拉罕·林肯曾经说过："我一直认为，如果一个人决心想获得幸福，那么他就能得到这种幸福。"也许你对这一说法感到非常奇怪，人怎能选择自己的幸福？但如果你认真分析身边的成功者和失败者，你就会发现事实确实如此。

　　做自己喜欢的事情，应该说是一种很高境界的幸福。一个人拥有再多的钱都不可能持续获得快乐，一个人拥有再多的财富都不可能永远地幸福，要想拥有持续的快乐和幸福只有一个方法：就是做你喜欢的事，做你想做的人。然而，更多的时候，由于各种主客观因素的影响，并非人人都可以做自己喜欢的事。因而，如果你幸运地找到了你喜欢做的事，你就应该勇敢大胆地去做，而不必理会世俗的眼光。

你可能永远都达不到顶峰，但是如果你正在做你喜欢的事情，那么与其中蕴藏的快乐相比，财富或名声又算得了什么呢？所以，努力找到自己喜欢的事并为之奋斗不息，你将会拥有一个充实快乐的人生。

人生易老常知足，高兴欢乐永不愁

"知足者常乐"是人们津津乐道的人生哲学，它源于老子的"知足不辱，知止不殆，可以长久"。大意是说，一个人如果知道满足就会感到永远快乐。"知足者常乐"并不是说一个人安于现状，没有追求，没有目标，而是说一个人懂得取舍，也懂得放弃，懂得适可而止。

知足者常乐，知足便不会有非分之想；知足便不会好高骛远；知足便会安若止水、气静心平；知足便会不贪婪、不奢求、不豪夺巧取。知足者温饱不虑便是幸事；知足者无病无灾便是福泽。过分的贪取、无理的要求，只是徒然带给自己烦恼而已，在日日夜夜的焦虑企盼中，还没有尝到快乐之前，就已饱受痛苦煎熬了。因此古人说："养心莫善于寡欲。"我们如果能够把握住自己的心，驾驭好自己的欲望，不贪得、不觊觎，做到无欲无求，役物而不为物役，生活上自然能够知足常乐，随遇而安了。在这个物欲横流、竞争异常激烈的社会，虽然人人都明白这个道理，但又有多少人能够真正地体会到"知足者常乐"的意境呢？

知足使人平静、安详，在知足与不知足之间，我们应该选择知足，因为知足它会让我们心地坦然，不背太多的思想负担，在知足的心态下，一切都会变得正常、坦然，所以知足的人总是笑对人生。

曾经有人说过这样一段话：

如果早上醒来，你发现自己还能自由呼吸，那么你就比在这一周离开人世的100万人更有福气。

如果你从未经历过战争的危险、被囚禁的孤寂、受折磨的痛苦，你就比世界上经历过这些磨难的5亿人幸福。

如果你的冰箱里有食物，身上有衣服，有屋栖身，你就已经比世界上70%的人更富足了。

如果你银行户头有存款，钱包里有现金，你就已经身居世界上最富有的8%的人之列了。

如果你的双亲仍然在世，并且没有分居或离婚，你就已经属于稀少的一群人了。

如果你能抬起头，带着笑容，内心充满感恩，你就是真的幸福——因为世界上大部分的人都可以这样做，但是，他们没有。

如果你能握着一个人的手，拥抱他，或者只在他的肩膀上拍一下。你的确有福气——因为你所做的，已经等同于上帝才能做到的。

当你读完这段话时，内心是否感到一阵巨大的撼动呢？你或许是平凡的，但你不一定就不幸福。你的财富往往就是这些看似平凡的东西，只要你拥有一颗知足的心，就不会被虚荣蒙上眼睛。"知足者常乐"，五个字而已，幸福也就是这么简单。

知足常乐是一种健康的人生态度，它能让你用宽容的心态来对待人生，面对生活，因为这种心态能让你在生活中不贪婪、不奢求、不浮躁。就生命的本质而言，知足常乐充满了平凡而又深奥的哲理，人人都应该深长思之。

境由心造，态度可以让
最差的生活变成最好的生活

有些人总喜欢说，他们现在的境况是别人造成的。环境决定了他们的人生。这些人常说他们的情况无法改变。但往往环境能左右一些意识上的感观，却不是造成实际境况的主因。说到底，如何看待人生，是由我们自己的态度决定的。

塞尔玛陪伴丈夫驻扎在一个沙漠的陆军基地。她丈夫奉命到沙漠里去演习，她一个人留在陆军的小铁皮房子里，天气热得受不，即使在屋子里也热得喘不上气。她没有人可谈天，有的只有墨西哥人和印第安人，而他们不会说英语。她非常难过，于是就写信给父母，说要丢开一切回家去。她父亲的回信只有两行，这两行字却永远留在她心中：两个人从牢中的铁窗望出去，一个只看到泥土，而另一个却看到了星星。

塞尔玛一再读这封信，觉得非常惭愧，她决定要在沙漠中找到"星星"。塞尔玛开始和当地人交朋友，他们的反应使她非常惊奇，她对他们的纺织、陶器很感兴趣，他们把舍不得卖给观光客人的纺织品和陶器送给了她。此外，塞尔玛还研究那些引人入迷的仙人掌和各种沙漠植物，学习有关土拨鼠的知识。她观看沙漠日落，还寻找海螺壳，这些海螺壳是几万年前，这沙漠还是一片海洋时留下来的。对塞尔玛来说，原来难以忍受的环境变成了令人兴奋、流连忘返的奇景。

是什么使这位女士内心有这么大的转变？

沙漠没有改变，印第安人也没有改变，但是这位女士的态度却改变了，心态改变了。这使她把原先认为恶劣的情况变为一生中最有意义的冒险。她因发现新世界而兴奋不已，为此她还写了一本《快乐的城堡》的书。她从"牢房"里看出去，终于看到了"星星"。

态度就像磁铁，不论我们的思想是正面的还是负面的，我们都受着它的牵引。而思想就像轮子一般，使我们朝一个特定的方向前进。虽然我们无法改变人生，但我们可以改变人生观；虽然我们无法改变环境，但是我们可以改变心境。虽然我们无法调整环境来完全适应自己的生活，但我们可以调整态度来适应一切的环境。

所以，调整你的心态，鼓起生活的信心，改变眼下的处境，至少，不要退到你已经见识过的比现在还糟糕的境地。选择一种积极的生活态度，你将获得一个别样的人生。

有这样一则故事：

一个穷人与妻子，六个孩子，还有女儿女婿，共同生活在一间小木屋里，紧凑的小木屋让他感到活不下去了，于是他去找智者求救。他说："我们全家这么多人只有一间小木屋，整天争吵不休，我快崩溃了，我的家简直是地狱，再这样下去，我就要死了。"智者说："你按我说的去做，情况会变得好一些。"穷人听了这话，当然是喜不自胜。智者听说穷人家还有一头奶牛、一只山羊和一群鸡，便说："我有让你解除困境的办法了，你回家去，把这些家畜带到屋里，与人一起生活。"穷人一听大为震惊，但他事先答应要按智者说的去做的，只好依计而行。

过了一天，穷人满脸痛苦地找到智者说："智者，你给我出的什么主意，事情比以前更糟，现在我家成了十足的地狱，我真的活不下去了，你得帮帮我。"智者平静地说："好吧，你回去把那些鸡赶出房间就好了。"过了一天，穷人又来了，他仍然痛不欲生，他哭诉说："那只山羊撕碎了我房间里的东西，它让我的生活如同噩梦。"智者温和地说："回去把山羊牵出屋就好了。"过了几天，穷人又来了，他还是那样痛苦，他说："那头奶牛把屋子搞成了牛棚，请你想想，人怎么可以与牲畜同处一室呢。""完全正确，"智者说，"赶快回家，把牛牵出屋去！"

过了半天，穷人找到智者，他是一路跑着来的，满脸红光，兴奋难抑，他拉住智者的手说："谢谢你，智者，你又把甜蜜的生活给了我。现在所有的动物都出去了，屋子显得那么安静，那么宽敞，那么干净，你不知道，我是多么开心啊！"

在任何特定的环境中，人们都有一种最后的自由，那就是选择自己的态度。成功是因为态度，幸福与快乐也取决于个人的态度。一个人只要改变内在的心态，就可以改变外在的生活环境和生存状态，这是我们这代人最伟大的发现。态度决定着人生的成败：我们怎样对待生活，生活就会怎样对待我们。

凡事往好处想，内心便会充满阳光

有这样一个故事：

生性开朗乐观的吉米，终于实现了自己翱翔蓝天的愿望——当上了飞行员。他十分高兴，逢人便讲。一天，他遇到了一个朋友，便告诉他："前几天，我在大草原的上空练习飞行，当时的景色真是美丽极了。飞在天上的时候，我发现什么烦恼都没有了。"

"那会不会有危险？"朋友担心地说。

"飞行当然有一定的危险，不过飞机上安全设备很齐全，通常情况下，是没事的。"

"可是，万一那些安全设施失灵了怎么办？"

"不会那么巧。就算安全设施失灵了，还有应急措施呢。即使一切都失灵了，还可以跳伞自救。"

"跳伞也有很大的危险啊。万一跳伞失败，就会失去性命啊。你能保证你跳的每一次都成功？"

吉米觉得这个朋友也太多虑了，就开玩笑地说："草原上好多干草垛，就算跳伞失败了，我也会想办法落到干草垛上去的。"

"怎么能够正好落上去呢？即使你能落在上面，但万一草垛上碰巧插了一把粪叉，那可危险了。"

"草垛那么大，我也不一定就正好落到粪叉上啊。"

"要万一落到上面呢，那时候可真的会没命的。"

"就算有万一，这所有的不幸也不会都让我摊上吧！"吉米耸了耸肩。

凡事往好处想，内心便会充满阳光，这种乐观的积极向上的心态，会激发我们的生命力，永远拥有成功的信心和希望。即便是身处绝境，我们也能以豁达开朗的心胸面对未来。

有些人总是喜欢说，他们现在的状况是别人造成的，环境决定了他们的人生位置，许多事情他们无法摆脱。这是因为他们从未真正地往好的方向想过，他们总是悲观失望，有时即使有好的想法，也马上会被自己所否定。说到底，如何看待人生，全由我们自己决定。

凡事都往好处想，做人也会开心。凡事都往好处想，说起来容易，做起来难。有些人活在世上，恰恰总是把事往坏处想，结果也使自己整天处在高度紧张、猜疑、惊恐、戒备、争斗之中，具有这种心理状态的人，还能开心吗？把事情往好处想是开心的一个秘诀。

凡事往好处想并不是解决一切问题的灵丹妙药，而是一种健康积极的人生哲学。有了它，也许问题本身不会变，但问题的解决却找到了正确的方向。所以，我们应该培养乐观的人生态度。凡事往好处想，事情自然会往好处发展。凡事都往好处想，就会以镇定从容的心情享受生活，就可以准确找到生活的方向，展示生命的风采。

失去健康，光荣仅仅是梦想

在节奏日益加快的现代社会，人们的头脑需要一刻不停地转动，以致很多人的生活节奏非常紊乱，他们根本没有自己的节奏，都是跟着时代走。

北京一家IT公司的设计部主管陈明，每天在电脑前工作超过15个小时，他的口头禅是："一天不工作，我觉得就会被世界抛弃。"生活中，像陈明这样的人很多，他们的薪水不断被提高，却没时间享受生活。他们从来不把体力透支当一回事，浑身无力、容易疲倦、思想涣散、腰椎劳损等如家常便饭。

列宁同志说过："会休息的人才会工作。"一个人如果眼中只有工作，那么他就会以牺牲健康为代价，而这代价或许需要用生命来偿还，因为工作而失去健康，甚至因为过度工作而失去生命，这不是值不值的问题，这实质上是对生命的漠视与不尊重。

有这样一个故事：

迈克是一名十分优秀的小伙子，而珍妮是一个美丽大方的女孩，他们一起在广告公司搞设计，迈克的创意，珍妮的文案。他们的搭配是那么完美，以至于公司上上下下都想把他们撮合到一起。

两个人交往了4年，情投意合，但却迟迟发不出喜帖来。并不是他们有意进行爱情长跑，而是迈克的职务越来越重要，工作也越来越繁重，他们根本腾不出假期来结婚。公司的业务蒸蒸日上，迈克的个人时间越来越少。珍妮有时还陪他加班，送点滋补品为他补身体。看迈克一支烟接着一支烟地抽，珍妮非常心疼。但迈克却只说再拼一阵子就好了，等存够了钱，就可以自己创业不必那么累了……

当珍妮检查出自己已经怀孕3个多月时，她非常懊恼，认为迈克这样没日没夜地工作，不该在这个时候烦扰他，但是，迈克知道后却非常开心，当场就大声地说："珍妮，嫁给我吧！"全办公室响起如雷的掌声，她的泪水夺眶而出。4年的爱情长跑，终于到了要走红地毯的时候，珍妮欣喜万分，当新娘的画面，早在她心头反反复复出现过几十遍。

老板送了他们20万的礼金，说是给迈克的创业基金。迈克也爽快地答应在婚前完成最后一批稿件设计。

为了赶稿件设计，迈克几乎每天都要加班加到早上6点才回家，迷迷糊糊睡到中午又回公司继续上班。连续工作了一个礼拜，他终于交出了所有的设计稿，也交接了所有的业务。此时，离他们的婚礼只剩下不到30小时。珍妮劝迈克什么都别管，先睡一下，养足精神，准备婚礼。

可是谁曾想到，这一睡，迈克就再也没有醒过来。他被送到医院后，医生判断是过劳死。

一个年轻力壮、从无宿疾的顽强生命，就这样因为体内长期运作失调，而造成器官衰竭而死。婚庆喜宴成了非正式的告别会，所有参加婚礼的宾客都忍不住落泪，珍妮更是哭得死去活来，她恨，她怨，但这又能怪谁呢？

有的时候，我们为了工作而忽略了眼前的生活，更不惜以健康为代价来工作。忙事业，忙赚钱，忙到没有时间照顾自己，这是许多人生活的真实写照。他们恣意挥霍精力，透支健康，对不断出现的危险信号漠然视之，其结果必定是陷入疾病的沼泽，甚至过早坠入死亡的深渊。

健康的身体是人生命的载体，生命依靠健康显示出一种活力。健康不是一切，但如果没有了健康，就没有了一切。很多功成名就的人，在以牺牲了健康的前提下获得了成功后，不禁感慨："健康的时候不知道珍惜生命，失去健康的时候才知道了健康的重要。"有人用过一个形象的比喻：假设一个人有100000000资产，前面的1代表健康，后面的0代表你的事业、妻子、孩子、房子、车子、金子等，如果失去了健康，即失去1，剩下的0也就失去了意义。所以健康对每个人都非常重要，有了健康就有了一切。

从前，有一个一贫如洗的年轻人，他从没有考虑过如何改变自己，而是经常抱怨自己时运不济，并常常叹息："如果我能够拥有一大笔财富，那该多好啊！"

有一天，年轻人又在唉声叹气，这时，过来一位白发老人，他见年轻人不高兴，便问道："年轻人，你为什么愁眉不展？你遇到麻烦了吗？"

"老天对我不公平，别人都能有很多钱，生活富足快乐，可我却始终那么贫穷？"年轻人将心中的苦闷讲了出来。

"你很穷？"老人感到很惊讶，有些不相信年轻人的话，"我看你很富裕嘛！"

"我没有钱，没有工作，没有穿的和用的，这怎么能叫富裕呢？"年轻人问道。

　　老人没有从正面回答，而是反问道："年轻人，我用1000元买你的手指头，你同意吗？"

　　"那可不行。没有手指头，我就没办法拿东西了。"

　　"那我给你10000元，买你的一只手，你同意吗？"老人又问。

　　"不行，我不想当残疾人。"年轻人再次拒绝了。

　　"我给你100万，买你的青春，让你马上变成70岁的老人，你愿意吗？"老人继续问道。

　　"我才不愿意呢！有了钱没有青春，那钱怎么花？"年轻人回答。

　　"那我给你1000万，让你马上死掉，可以吗？"

　　"那更不行，那样的话，我还要钱做什么？"年轻人生气地蹦了起来。

　　听了年轻人的回答，老人笑呵呵地问道："既然你已经有了超过1000万的财富，为什么还要哀叹自己贫穷呢？"

　　老人的话让年轻人幡然醒悟：对呀！我已经这么有钱了，还有什么可叹息的呢。

　　这个故事告诉我们，一个健康的身体价值百万。物质上的贫穷并不可怕，没有健康的身体才是最可怕的。所以说，拥有一个健康的身体是多么重要。健康的身体是一个人获得事业长远发展的保证。没有健康的身体，一切都是空谈。